NOUVEAU SYSTÈME

DE NAVIGATION.

MOYEN DE PARVENIR EN LITTÉRATURE,

ou *Mémoire à consulter* sur une question de *propriété littéraire*, dans lequel on *prouve* que le sieur MALTE-BRUN, *se disant Géographe danois*, a copié *littéralement* une grande partie des OEuvres de M. GOSSELLIN, ainsi que de celles de MM. LACROIX, WALCKENAER, PINKERTON, PUISSANT, etc. ! etc. ! et les a fait *imprimer* et *débiter* sous son nom; et dans lequel on discute cette question importante pour le commerce de la librairie : « Qu'est-ce qui distingue le *plagiaire-* « *copiste* du simple *contrefacteur*; et jusqu'à quel « point le premier peut-il être regardé comme « devant encourir la peine portée par la loi « contre le dernier? » avec cette épigraphe :

V. 2608.
A 9.

« J'aurais pu piller sans en rien dire, à l'exemple de tant d'au-
« teurs, *qui se donnent l'air d'avoir puisé dans les sources, quand*
« *ils n'ont fait que dépouiller des savans dont ils taisent le nom.*
« Ces fraudes sont très-faciles aujourd'hui : on commence par
« écrire sans avoir rien lu, et l'on continue ainsi toute sa vie. Les
« véritables gens de lettres gémissent en voyant cette nuée de
« jeunes auteurs, qui auraient peut-être du talent s'ils avaient
« quelques études. »

M. DE CHATEAUBRIAND, *Itin. de Paris à Jérusalem*, t. II, p. 318.

« Plus ineptes et plus ignares, nos *compilateurs* ne se bornent
« pas à faire tranquillement le métier de *fripiers littéraires; ils*
« *pillent sur les grands chemins du monde savant;* leur avidité
« extrême ne leur laisse pas le temps de disposer les produits de
« leur *brigandage......* Munis de quelques livres et d'autant de
« *paires de ciseaux*, ils se bornent à fabriquer à la hâte une *com-*
« *pilation* qui n'offre ni un choix bien fait, ni une analyse exacte
« et complète. »

MALTE-BRUN, *Journal de l'Empire*, du 11 novembre 1810.

« Ce qu'on doit le moins estimer en littérature, ce sont les *singes,*
« qui ne savent qu'*imiter* et *copier*. »

GEOFFROY, *Journal de l'Empire*, du 24 mai 1811.

Par JEAN-GABRIEL DENTU, Imprimeur-Libraire, (*Editeur de la Géographie de J. Pinkerton.*) Un vol. in-8° de 150 pages.   Prix, 2 fr.

Franc de port,   2 fr. 50 c.

SE TROUVE CHEZ L'AUTEUR,

Rue du Pont de Lodi, n° 3, près le Pont-Neuf; et au Dépôt de sa Librairie, Palais-Royal, galeries de bois, n°s 265 et 266;

NOUVEAU SYSTÈME

DE NAVIGATION,

AYANT POUR OBJET

LA LIBERTÉ DES MERS

POUR TOUTES LES NATIONS,

ET LA RESTAURATION IMMÉDIATE DE NOTRE COMMERCE MARITIME
AU SEIN MÊME DE LA GUERRE ACTUELLE ;

PAR M. DUCREST.

.... Si quid novisti rectius istis
Candidus imperti ; si non, his utere mecum.

HORACE.

A PARIS,

CHEZ J. G. DENTU, IMPRIMEUR-LIBRAIRE,
RUE DU PONT DE LODI, N° 3, PRÈS LE PONT-NEUF.

1811.

INTRODUCTION.

S**ı** les inventeurs des grandes découvertes ne joignoient ordinairement à cet esprit observateur et méditatif qui tire les plus grands résultats des raisonnemens et des faits les plus simples, ce courage persévérant qui finit par vaincre tous les obstacles , j'aurois déjà renoncé depuis long-temps à l'espoir, quelque flatteur qu'il soit, d'opérer dans le commerce de toutes les nations du monde, une révolution encore plus importante que celle qui fut produite, il y a plusieurs siècles, par la découverte de l'Amérique et du cap de Bonne-Espérance. Après avoir vainement lutté depuis dix ans contre les intrigues les plus criminelles, puisqu'elles ont eu pour but d'ensevelir dans un éternel oubli la découverte la plus utile, j'ose le dire, qui ait jamais été faite, il ne me restoit plus qu'une seule ressource pour forcer à son adoption : c'étoit de confier le soin de son exécution aux calculs de l'intérêt personnel, puisque, malgré sa haute importance, la seule considération du bien public n'a pu parvenir encore à la déterminer. J'engage donc tous les capitalistes, dans quelque classe de la société qu'ils se trouvent, à lire ce mémoire avec la sérieuse attention qu'il mérite. Qu'ils ne se regardent pas comme juges incompétens de l'opération que je propose : elle est si simple, qu'elle est de nature à être parfaitement bien comprise par les personnes mêmes qui n'ont aucune connaissance de la navigation; ou, du moins, si elles se croient obligées de consulter les gens de l'art, qu'elles prennent de justes mesures pour n'être point égarées par les perfides conseils de la prévention et de la mauvaise foi. L'espoir, que dis-je ? *la certitude* pour un spéculateur de se procurer un capital égal *à cinq ou six cents fois sa mise de fonds*, mérite, certes, qu'on se donne toute la peine nécessaire pour bien connoître la vérité. Une si brillante annonce paroîtra sans doute une exagération ridicule : mais qu'on lise le mémoire, qu'on le médite, et qu'on prononce ensuite.

Cependant, en fondant ma principale espérance sur les calculs de l'intérêt personnel, j'aime encore à me persuader que l'amour de la gloire et le patriotisme ne sont pas éteints dans tous les cœurs; et je crois en conséquence devoir signaler ici ma découverte à quelques personnes d'un rang éminent, que l'intérêt même des administrations qui leur sont confiées sollicite à se rendre mes protecteurs.

Ce fut à l'ardeur avec laquelle la Hollande s'empressa de profiter des avantages que présentoit la découverte du cap de Bonne-Espérance, qu'elle dut le haut degré de puissance où elle s'éleva si rapidement. Si ce seul empressement lui procura alors une prospérité infiniment supérieure à celle qu'elle devoit attendre de l'étendue et de la fertilité de son territoire, n'est-elle pas fondée à espérer aujourd'hui le rétablissement de son commerce que le malheur des temps a détruit, par un empressement égal à profiter des avantages que promet mon nouveau système de navigation?

Si le titre de ce mémoire est pleinement justifié par les explications qu'il contient; si des navires d'une construction toute nouvelle, du moins pour l'Europe, et ne tirant que trois pieds d'eau, sont aussi propres aux voyages du plus long cours que nos plus gros vaisseaux de guerre; si, faisant toujours bonne route, quelles que soient la force et la direction du vent, il n'y en a plus pour eux de contraires; si, jouissant de la faculté de longer les côtes en tout temps à la portée du pistolet, et de s'engager même sans risques au milieu des bas-fonds et des écueils, tout projet de bloquer les ports par les forces navales actuelles devient entièrement illusoire à leur égard; si, une fois au large, la prodigieuse célérité de leur marche les met hors de toute atteinte; si enfin le résultat définitif de cette nouvelle construction est de couper jusqu'à sa racine, le brigandage qu'une nation orgueilleuse exerce sur toutes les routes du commerce maritime, en paralysant toutes ses forces navales, et de donner par là l'essor le plus libre à l'industrie commerciale, je le demande avec confiance : les ports des départemens composés de l'ancien territoire de la Hollande ne sont-ils pas, de tous les ports de l'Empire, ceux qui sont le plus intéressés à l'adoption de mon système? Prouvons par un développement rapide combien il est en effet propre à relever promptement le Commerce batave, et à lui rendre même toute la splendeur dont il a joui à ses époques les plus brillantes.

Quelque solides que soient les démonstrations contenues dans ce mémoire, je n'en sens pas moins la nécessité d'une première expérience pour forcer à l'adoption de mon nouveau système de navigation. Or, comme je n'emploie dans ma construction que du bois de sapin, qui est très-abondant à Amsterdam, cette ville est celle où la première construction d'un *pross* (car j'appelle ainsi les navires de ma construction) peut se faire avec plus de facilité, de promptitude et d'économie.

C'est encore celle qui est le plus favorablement située, lorsque la première construction sera faite, pour l'essai des qualités précieuses de mon système, à raison des bas-fonds et des écueils dont toute la côte est semée depuis le Texel jusqu'à l'embouchure de l'Elbe, et de la hauteur des vagues sur la mer du Nord, généralement reconnue pour la plus orageuse de l'Europe.

L'expérience étant faite, et ayant réussi, les armateurs hollandais peuvent faire construire très-promptement dans les ports de la Norvége, avec les matériaux du pays, des centaines de pross; les faire arriver sur leur lest dans les différens ports de l'Empire, à Bordeaux, Nantes, etc.;

pour y prendre en chargement nos denrées territoriales et les produits de nos manufactures, et aller les échanger dans les Etats-Unis et dans les colonies espagnoles, contre les denrées coloniales qui nous manquent, et contre les riches métaux du Mexique et du Pérou.

Un nouveau commerce peut même s'ouvrir en Chine, dans l'Inde, sur la mer Rouge et le golfe Persique, en n'abordant que des côtes extrêmement basses, où il n'y ait précisément que la quantité d'eau nécessaire pour des navires qui ne tirent que trois pieds, et qui soient par conséquent inabordables pour tous les navires de la construction actuelle.

Mais c'est sur-tout vers les colonies espagnoles, sur lesquelles l'Angleterre n'exerce encore aucune influence, que doivent se diriger toutes les vues. Du

moment que les forces navales actuelles ne peuvent plus fermer l'entrée
de leurs ports, et qu'on a le choix de
ceux qui sont inabordables pour elles,
il suffit, quelle que doive être la destinée future de ces colonies, d'y trans-
porter tous les objets de luxe ou de nécessité première dont elles manquent,
pour y être reçu et accueilli avec fa-
veur : or, tout le monde sait que les
premiers établissemens de commerce,
lorsqu'ils sont fondés sur de bons principes, acquièrent toujours une solidité que ne peut ébranler ensuite toute
tentative ultérieure faite pour leur
nuire. La stabilité d'une nouvelle
branche de commerce dépend essen-
tiellement de la promptitude d'une
initiative bien combinée. On peut être
sans doute forcé par la suite d'entrer
en concurrence avec les autres; mais
de premières liaisons formées avec

sagesse assureront toujours aux premiers établissemens tous les avantages du commerce. Que les armateurs d'Amsterdam et des autres villes de la Hollande se pressent donc d'établir des comptoirs au Mexique, au Pérou, au Chili, aux Philippines; et l'accroissement de prospérité que l'indépendance ne peut manquer d'assurer à ces vastes colonies, est le sûr garant de celle qu'acquerra le commerce établi avec elles. Mais, je le répète, il faut se presser de prendre à cet égard l'initiative. Que les Hollandais s'occupent du soin de fonder les bases de ce nouveau commerce avec la même ardeur qu'ils montrèrent, il y a trois siècles, dans l'établissement du commerce de l'Inde, et ils deviendront encore une fois la nation la plus riche de l'Europe. Si ces combinaisons sont justes, l'homme d'Etat que la juste confiance de l'Empereur a chargé du gouvernement de l'importante cité d'Amsterdam, a trop de lumières pour ne pas leur donner tous les développemens qu'elles sont susceptibles de recevoir, et je sais trop combien l'amour du bien public l'enflamme, pour ne pas me flatter de trouver en lui un puissant protecteur. Il me semble qu'il ne doit pas lui être difficile de réaliser à Amsterdam même une foible souscription de *vingt-cinq mille francs*, dont l'objet est d'une si haute importance, et qui doit d'ailleurs produire un énorme bénéfice aux souscripteurs, ainsi qu'on le verra à la fin de ce mémoire. Au reste j'ai trop de raisons de compter sur son obligeance générale, et sur sa bienveillance particulière pour moi, pour n'être pas sûr que ses regrets surpasseront les miens, si, par des difficultés que je ne prévois pas, l'espérance que je conçois à cet égard est déçue.

L'Empire français contient encore une foule d'autres villes qui, sans attendre de l'adoption de mon système une destinée aussi brillante que celle qu'il me semble promettre à Amsterdam, doivent cependant en espérer des avantages précieux. Ce sont d'abord toutes celles qui, placées sur le bord même de la mer, n'ont pas dans leurs ports une assez grande profondeur pour faire des armemens un peu considérables, mais sur-tout celles qui, très-enfoncées dans l'intérieur des terres, telles que Paris, Rome, Florence, Avignon, Angers, etc., communiquent à la mer par des fleuves ou rivières affluentes, ayant quatre pieds seulement de profondeur d'eau depuis la mer jusqu'à leurs murs. On verra dans ce mémoire que toutes ces villes peuvent faire le commerce de l'Amérique et de l'Inde avec autant d'avantages que nos cités maritimes actuelles les plus florissantes, et que même, avec une profondeur d'eau encore moindre, il peut s'ouvrir pour elles un commerce de cabotage très-étendu. Je supplie donc instamment les administrateurs supérieurs de toutes ces villes, de lire ce mémoire avec attention, et de prendre sous leur protection spéciale mon nouveau système de navigation, s'ils jugent qu'il doit en effet procurer tous les avantages que j'annonce. J'aimerois mieux, sans doute, que l'expérience qui doit les constater, se fît dans un port de mer, et sur-tout à Amsterdam. Mais si ma souscription étoit remplie dans une ville de l'intérieur où ma construction première pût s'effectuer, je n'en serois pas moins disposé à y réaliser cette grande entreprise à la première réquisition qui m'en seroit faite.

Je ne parle dans cet ouvrage que d'une construction nouvelle de vaisseaux, en paroissant supposer que je n'innove rien dans leur gréement, et que je me borne à choisir dans toutes les modifications dont il est susceptible, celle qui est le plus favorable à mon système. Je dois donc prévenir ici que j'ai inventé un gréement nouveau, qui diffère autant du gréement actuel, que ma construction diffère de celle qui est généralement adoptée chez toutes les nations de l'Europe. C'est même à mon gréement que je puis attacher le véritable mérite de l'invention ; car il est fondé sur un principe entièrement nouveau, sans avoir aucun rapport avec ce qui s'est pratiqué dans aucun temps, chez aucun peuple de la terre ; tandis qu'à l'égard de la nouvelle construction que je propose, je dois être considéré plutôt comme un imitateur que comme un inventeur.

Les avantages du gréement nouveau que j'annonce, sont d'augmenter l'action du vent, à voilure égale, d'un tiers au moins en sus ; de n'exiger de la part de l'équipage aucune habileté ni expérience, et presqu'aucune force ; de n'avoir besoin en conséquence pour sa manœuvre que d'un très-petit nombre de personnes, prises pour ainsi dire au hasard dans la rue, en n'y employant même que des femmes ou des enfans ; de rendre par là à l'agriculture, à la fabrication, et aux armées, une classe nombreuse d'hommes intelligens et vigoureux, que le service actuel de la marine leur enlève ; et sur-tout de procurer au commerce maritime une grande économie dans ses frais d'armemens.

L'expérience de ce gréement nouveau a été cumulée avec celle de ma nouvelle construction, dans l'expérience faite à Genève, que je cite dans mon ouvrage, et dont je donne le procès-verbal à la suite des notes : elle a même complétement réussi. Mais comme je n'aurois pu donner une explication claire de ce singulier gréement sans le secours des figures; que cette explication n'auroit pas été à la portée de tout le monde; et que, malgré le succès de l'expérience qui l'a constaté, elle auroit pu donner lieu à quelques objections dont la discussion m'auroit mené beaucoup trop loin, je me suis déterminé à n'en point parler du tout dans cet ouvrage, en paroissant me borner à ma seule construction nouvelle. Mais si, en me restreignant ainsi, le lecteur est déjà convaincu des avantages inappréciables de mon nouveau système de navigation, je le supplie de ne pas oublier qu'en les combinant avec mon gréement nouveau, il atteindra, j'ose le dire, tout le degré de perfection auquel il est possible de parvenir.

NOUVEAU SYSTÈME

DE NAVIGATION.

———

Avant d'entrer dans aucun détail sur l'importante spéculation qui est l'objet de ce mémoire, je dois commencer par répondre à une première objection qu'on ne manquera pas sans doute de me faire. Puisque la spéculation que vous proposez, me dira-t-on, a pour base un nouveau système de navigation, pourquoi ne pas appuyer vos propositions de l'avis des constructeurs de vaisseaux et des marins? En voici les raisons.

On regarde ce qu'on appelle les *gens du métier* comme les juges compétens des découvertes relatives à l'art qu'ils professent ; tandis que ce sont précisément ceux qu'un inventeur a le plus de droit de récuser, parce que trop souvent une aveugle routine leur tient lieu de science, et que c'est bien moins du perfectionnement de leur profession, que de leur intérêt personnel, dont ils sont occupés : de sorte que l'ignorance, la prévention et la mauvaise foi leur dictent presque toujours des jugemens ou faux, ou injustes, d'autant plus funestes, que la confiance qu'ils ont usurpée paroît devoir les rendre sans appel.

Je conviens, cependant, que lorsqu'une découverte n'a pour objet que le simple perfectionnement d'une profession, c'est à ceux qui l'exercent qu'appartient principalement le droit de la juger, parce qu'il faut comparer les procédés nouveaux qu'on propose d'admettre, à ceux qu'on propose d'abandonner, et qu'il faut connoître ceux-ci pour savoir si l'on doit leur substituer ceux-là : mais lorsque ce n'est pas d'un simple perfectionnement qu'il s'agit, mais de l'entière création d'un art tout nouveau (ainsi que cela a lieu à l'égard de la découverte sur laquelle est fondée ma spéculation), comme alors personne ne l'a encore exercé, cet art nouveau, personne aussi ne peut réclamer, *comme praticien*, le droit exclusif de le juger ; et par conséquent ce droit est dévolu à tous ceux, de quelque profession qu'ils soient, qui ont assez de connoissances, ou simplement l'esprit assez juste, pour bien peser les raisons exposées par l'inventeur.

Mais, d'ailleurs, l'examen préalable des grandes découvertes est-il un bon moyen de les faire adopter lorsqu'elles sont réellement utiles? Une expérience constante prouve que non : leur sort a toujours été d'être long-temps contestées, et souvent même celui des inventeurs, d'être persécutés avec acharnement.

Dix années de discussion par tous les gens éclairés de son temps, ne suffirent pas à l'immortel Colomb pour établir cette vérité si simple : qu'en gouvernant toujours à l'ouest, il falloit nécessairement, ou parvenir aux limites du Monde connu, la Chine, ou trouver un nouveau Monde sur son passage : de sorte que, sans la superstition d'un moine ignorant, la découverte de l'Amérique eût peut-être été reculée de plusieurs siècles.

Lorsque je proposai, il y a quinze ans, de ne construire les plus grands vaisseaux marchands qu'avec des planches de sapin d'un pouce d'épaisseur, une idée si nouvelle fut combattue avec une véritable fureur par tous les constructeurs de vaisseaux, à la tête desquels se mit l'un des plus célèbres de la marine françoise, M. Olivier. Si donc il eût fallu me soumettre à leur jugement, l'expérience n'eût jamais constaté cette importante découverte; et aujourd'hui même qu'elle l'est, et que ses avantages inappréciables sont bien démontrés, a-t-elle été adoptée par les constructeurs ?

Je pourrois accumuler ici les exemples des efforts constans que font toujours les gens de l'art pour repousser toutes les grandes découvertes relatives à leur profession. A quoi a servi l'approbation du célèbre Borda, du procédé que j'ai proposé en 1785 pour créer des ports à grandes profondeurs sur les côtes les plus basses? A quoi a servi le rapport avantageux de l'Institut sur le procédé si utile que j'ai imaginé pour tenir lieu de bassin dans les ports marchands où il n'y en a pas un seul? A quoi a servi l'expérience faite à Paris même, en l'an 11, sous les yeux de cent mille témoins, par laquelle les avantages d'une nouvelle construction de chaloupes canonnières que je proposois, ont été si bien constatés? A quoi a servi le développement dans mon *Traité d'Hydrauférie*, publié il y a deux ans, des vues nouvelles pour multiplier les canaux navigables, en simplifiant leur construction, en la rendant même très-facile dans une infinité de cas où elle est aujourd'hui jugée impossible? Il est prouvé, par cette foule d'exemples, que tant

que je ne trouverai pas le moyen de me passer
du jugement des gens de l'art, pour exécuter
les inventions utiles que quarante années d'é-
tudes, de méditations et d'expériences m'ont
fait concevoir, elles resteront constamment
dans l'oubli.

C'est particulièrement pour mon nouveau
système de navigation que je serois fondé à
craindre cette fatale destinée, s'il falloit se
soumettre au jugement des constructeurs et
des marins. Ce n'est pas qu'il n'existe dans le
corps des ingénieurs de la marine plusieurs
constructeurs assez éclairés pour bien juger
mon système, assez forts sur les principes,
pour se prémunir contre les préventions, et
sur-tout assez animés de l'amour du bien public, pour ne pas laisser influencer leurs dé-
cisions par ce qu'on appelle *l'esprit de corps.*
Aussi prendrai - je des mesures pour leur
adresser ce mémoire, dans l'espérance d'obtenir leur suffrage individuel. Mais, n'ayant
point encore percé à la tête de leur corps, ce
ne seroient point eux qui seroient consultés
si je comparaissois devant le tribunal des
constructeurs ; ce seroient les vieux routiniers,
restés étrangers à toutes les études modernes,
à peine instruits des principes élémentaires.

de la mécanique, et dont toute la science se borne à quelques corrections dans les plans qu'ils tiennent de leurs pères ou de leurs prédécesseurs. Or, comment pourrois-je me flatter d'obtenir leurs suffrages dans l'examen d'un nouveau système de navigation qui, rendant vaine et inutile leur vieille pratique, les renvoie, pour ainsi dire, à l'école, et leur fait perdre toute la considération qu'ils ne doivent qu'à leur ancienneté ?

Il résulte de ces observations préliminaires que le seul moyen de parvenir à la prompte adoption d'une grande découverte, est d'opposer à l'intérêt personnel de ceux qui ont de puissantes raisons pour la repousser, l'intérêt personnel de ceux qui n'en ont aucune pour ne pas la défendre. C'est dans cette vue que je me suis déterminé à faire imprimer ce mémoire, moins pour lui donner de la publicité par la vente, que pour l'adresser personnellement à un grand nombre de personnes en place, que la seule considération du bien public peut rendre mes protecteurs, et à des armateurs, des négocians, et des capitalistes qui trouveront, j'espère, dans mon Nouveau Système de Navigation le principe d'une spéculation avantageuse. Je leur observe qu'il n'est pas nécessaire qu'ils soient marins pour prononcer avec pleine connoissance de cause sur mon projet, parce que j'ai rejeté dans des notes, écrites pour les seuls gens de l'art, tout ce qui pourroit ne pas être à leur portée : de sorte qu'en s'en tenant à la seule lecture du corps du mémoire, ils auront la faculté de se confirmer dans l'opinion propre qu'ils se formeront, par celle des gens de l'art qu'ils connoîtront et sur l'impartialité desquels ils seront fondés à compter.

J'entre à présent en matière, et je vais commencer par asseoir ma spéculation sur la plus solide de toutes les bases, l'*expérience*.

Les mers des Indes sont couvertes d'une multitude d'embarcations non pontées, extrêmement étroites, très-peu élevées au-dessus de l'eau, d'une forme très-défavorable pour couper la lame, et qui, si elles naviguoient à l'européenne, ne seroient pas seulement hors d'état de tenir la mer, mais même de conserver simplement leur équilibre sur l'eau la plus calme. Or, une invention aussi simple qu'ingénieuse suffit, non seulement pour rendre ces frêles embarcations en état de tenir parfaitement bien la mer, mais encore pour les faire jouir de toutes les qualités qui constituent une bonne navigation à un degré beaucoup plus éminent qu'aucun de nos meilleurs vaisseaux.

Cette invention est si simple, qu'avec un peu d'attention on la comprendra facilement sans le secours d'aucune figure. Elle consiste dans l'adjonction de *balanciers* placés à fleur d'eau de chaque côté de l'embarcation, dans le sens de sa longueur, à une certaine distance de son bord, et invariablement maintenus avec elle.

Il n'y a qu'un seul balancier de chaque côté.

Ces balanciers sont de longues poutres de bois massif, très-amincies à leur extrémité, où elles se terminent en pointes aiguës, afin de ne pas ajouter une résistance sensible à celle qu'éprouve le corps de navire.

Ils sont immergés à moitié, d'où il résulte qu'en les faisant d'une pesanteur spécifique égale à la moitié de celle de l'eau, ils ne pèsent point habituellement sur les traverses horizontales qui les unissent au corps du vaisseau.

L'adjonction des balanciers a deux objets principaux.

Le premier, de procurer une grande stabilité à l'embarcation, en opposant à l'effort que fait le vent pour l'incliner, la force de la poussée verticale de l'eau sous eux : de sorte que l'embarcation, qui, livrée à elle-même, chavireroit immédiatement, acquiert par l'adjonction des balanciers la faculté de porter une voilure énorme proportionnellement à sa grandeur, d'où résulte un sillage extrêmement rapide.

Le second objet de l'adjonction des balanciers est de modérer la violence des mouvemens du roulis et du tangage, au point de les rendre presque nuls (*a*) : de sorte que l'embarcation se maintenant toujours dans une situation sensiblement verticale, même sur une mer très-agitée, reste constamment élevée au-dessus de la lame, n'embarque jamais d'eau, et conserve en outre toutes les qualités qui constituent une bonne navigation, et que fait perdre en grande partie la violence des mouvemens d'un vaisseau à la mer (*b*).

Avant de tirer de ces deux effets nécessaires de l'adjonction des balanciers les conclusions importantes qui constituent la supériorité de mon Nouveau Système de Navigation, il est essentiel d'exposer ici des expériences qui les confirment pleinement. Tous les faits que je vais citer, excepté l'expérience faite à Genève, sont tirés de l'ouvrage de

M. Lescalier, intitulé : *Traité du Gréement;* et M. Lescalier les a tirés lui-même des relations et journaux des plus fameux navigateurs, Anson, Byron, Cook, etc.

Les plus-célèbres embarcations à balanciers sont les *pross-volans* des îles Mariannes, ainsi nommés à cause de la prodigieuse célérité de leur marche. Il est incontestablement prouvé par les relations de tous les navigateurs qui les ont observés, que ces bâtimens filent communément *vingt nœuds,* et souvent davantage : c'est une vîtesse *double* de celle de nos plus fins voiliers, et qui correspond à une vîtesse de *dix lieues de poste à l'heure.* Ce sont encore, ajoute M. Lescalier, de tous les bâtimens connus ceux qui serrent le vent de plus près ; ce que cet auteur attribue avec raison à leur grande longueur et à la grande résistance latérale qu'occasione leur côté entièrement plat : car la forme du corps de navire est quadrangulaire, ainsi que celle de tous les bâtimens de cette nature qui naviguent sur les mers des Indes.

Il est essentiel d'observer que ces pross n'ont que 2 pieds de largeur sur une longueur de 36 pieds. Il est évident que si une semblable embarcation était privée de ses balanciers, elle ne pourroit pas même se tenir en équilibre sur l'eau. Ceci prouve donc combien est puissante l'action des balanciers, puisque leur seule adjonction suffit, pour mettre en état la plus mauvaise de toutes les embarcations, de faire en pleine mer des trajets de deux à trois cents lieues, en lui procurant en même temps des qualités incomparablement supérieures à celles dont jouissent nos meilleurs vaisseaux.

Le second exemple que j'ai à citer est celui des *caracores*, qui servent à la navigation des Moluques. Ce sont des bâtimens à balanciers, construits exactement de la même manière, quant à la forme, que ceux que j'ai à proposer dans ce mémoire, mais incomparablement plus petits; car les plus grandes caracores n'ont que 4 pieds de largeur sur 45 à 50 pieds de longueur: du reste, elles sont ouvertes par en haut, ainsi que les pross-volans.

M. Lescalier ne donne pas au juste la mesure de leur vîtesse. Il se contente de dire qu'elle est très-grande à la voile et à la rame. Il a cru peut-être pouvoir se dispenser d'entrer dans aucun détail à cet égard, parce que l'inconcevable célérité des pross-volans, et la faculté de serrer le vent de très-près, dont ils jouissent, étant bien constatées, il y a d'autant moins de raison pour que des navires construits sur les mêmes principes ne jouissent pas des mêmes avantages, que ces navires sont plus grands : car tout le monde sait que plus un navire est grand, mieux il navigue.

Mais M. Lescalier nous instruit d'un fait très-important pour l'objet de ce mémoire : c'est que les Hollandois ne se servent que des caracores pour leur cabotage des Moluques : or ce cabotage ne consiste que dans le transport des épiceries. Il faut donc que les caracores aient des mouvemens très-doux à la mer, malgré leur extrême petitesse, ou, comme disent les marins, *s'y comportent extrêmement bien* ; car, étant très-petites et ouvertes par en haut, il est évident qu'elles embarqueroient nécessairement des lames, pour peu qu'elles eussent des mouvemens de roulis et de tangage un peu vifs, et elles ne pourroient pas servir au transport dés épiceries, parce que ces riches denrées seroient continuellement exposées à être avariées, et à perdre leur haute valeur par l'introduction de l'eau de mer dans la cale des caracores.

On ne peut pas dire que c'est à la tranquillité des mers qu'est dû le succès de la navigation des caracores ; car toutes les relations des navigateurs attestent que les coups de vents sont aussi fréquens dans les parages où les caracores naviguent, et sur-tout aux attérages de la grande île de Bornéo, que dans les nôtres. Pourquoi d'ailleurs, si les mers étoient constamment tranquilles dans ces parages, les Hollandois, dont le système de navigation est de porter beaucoup à la fois, n'emploieroient-ils pas pour ce même cabotage de petits navires européens d'un port bien plus considérable ? Il ne peut exister qu'une seule raison pour les avoir déterminés à donner la préférence aux caracores, c'est qu'ils ont reconnu qu'elles naviguent beaucoup mieux, quoique beaucoup plus petites.

Enfin j'ai à citer une dernière expérience, qui prouve, sans pouvoir être atténuée par une seule objection, que les pross (car j'appellerai ainsi désormais les navires à balanciers) conservent aussi bien leur assiette sur la mer la plus agitée que sur celle qui est parfaitement calme, et ont en conséquence des mouvemens de roulis et de tangage extrêmement doux, quelle que soit la hauteur des vagues.

J'ai construit à Genève un petit pross de forme quadrangulaire comme tous les pross indiens, n'ayant que 3 pieds de largeur sur une longueur de 41 pieds, n'enfonçant dans l'eau et ne la débordant que d'un pied, et ouvert par en haut. Ses balanciers sont deux cylindres de bois de marronier auxquels leur amincissement à leurs extrémités donne la forme d'une vergue de vaisseau ; ils ont pour plus grande grosseur 9 pouces et demi de diamètre ; leur longueur n'est que de 25 pieds ; la distance de l'un à l'autre, comptée de milieu en milieu, est de 16 pieds : en sorte que, tandis que la largeur du corps de navire n'est que de 3 pieds, celle entière du pross, comptée de dehors en dehors des balanciers, est de 16 pieds 9 $\frac{1}{2}$ pouces.

J'ai fait naviguer ce pross sur le lac Léman par un vent de bise si impétueux et qui soulevoit des lames si fortes, qu'aucune des barques qui naviguent habituellement sur le lac, pas même celles qui ont jusqu'à 18 pieds de largeur, n'osoient naviguer ce jour-là. On ne peut douter que si le corps de navire de mon petit pross eût été livré à lui-même sans ses balanciers, il n'eût été immédiatement englouti sur une mer qui, lorsqu'elle est aussi agitée qu'elle l'étoit ce jour-là, renverse quelquefois les digues qu'on élève sur ses bords pour s'opposer à sa fureur. Eh bien ! le procès-verbal de l'expérience, dûment légalisé , et dont la copie se trouve à la fin de ce mémoire , atteste que le lac a été traversé avec une rapidité extrême ; que le pross, malgré son peu d'élévation au-dessus de l'eau, n'a pas embarqué une seule lame ; que la violence du vent ne l'a pas incliné d'une manière sensible ; que le roulis a été à peu près nul , et le tangage extrêmement foible : de sorte que cette frêle embarcation, quoique portant toute sa voilure, étoit aussi droite et aussi tranquille sur cette mer agitée, que si elle eût été parfaitement calme.

Voilà donc un fait bien constamment établi par une foule d'expériences irrécusables ; savoir : *que de très-petits pross , ne correspondant pour la grandeur qu'à nos chaloupes ordinaires , naviguent incomparablement mieux que des navires européens de 15 à 18 pieds de largeur.*

Or c'est une vérité incontestable que plus un navire est grand, mieux il navigue. On vient de voir qu'un pross dont le corps de navire n'a que 3 à 4 pieds de largeur, navigue incomparablement mieux qu'un vaisseau européen de 15 à 18 pieds de largeur : donc un pross dont le corps de navire aura 12 à 15

pieds de largeur, naviguera mieux qu'un vaisseau européen de 40 à 5o pieds de largeur.
Mais cette dernière grandeur des vaisseaux
européens est celle des vaisseaux de ligne,
qui sont employés avec une sécurité entière
aux navigations les plus longues et les plus
périlleuses : donc , enfin, *un pross dont le
corps de navire aura 12 à 15 pieds de largeur, pourra être employé de même avec la
plus grande sécurité* aux navigations les plus
longues et les plus périlleuses.

Arrêtons-nous un moment à cette importante conclusion. Je prie instamment toutes
les personnes que l'éminence de leur rang
doit intéresser à une découverte dont il est
impossible qu'elles ne pressentent pas déjà les
hautes conséquences, et tous les armateurs ou
capitalistes qui y trouveront bientôt la source
de la spéculation la plus lucrative et la moins
hasardeuse qui ait jamais été faite ; je les prie,
dis-je, de bien considérer que le raisonnement
que je viens de faire *est entièrement indépen-
dant de toute espèce de connaissance en navigation*, et qu'il est en conséquence aussi à la
portée de ceux qui n'ont jamais réfléchi sur ces
matières, qui n'ont même jamais vu de vaisseaux,
que des constructeurs et des marins les plus

instruits. En effet toute discussion quelconque sur la forme des pross est ici entièrement inutile. On est certain, quelle que soit la forme d'une chaloupe européenne, qu'un navire ayant exactement la même forme, mais construit sur des dimensions triples ou quadruples, naviguera incomparablement mieux; on est donc également certain, quelle que soit la forme du petit pross, qu'un autre pross ayant la même forme, mais construit de même sur des dimensions triples ou quadruples, naviguera aussi incomparablement mieux.

Les gens de l'art ne sont nullement fondés à me dire : Ne craignez-vous pas que la forme quadrangulaire, et l'extrême foiblesse du tirant d'eau que vous adoptez dans votre système, ne produisent les mêmes inconvéniens qu'il est prouvé par l'expérience qu'ils produisent dans le système actuel? Je réponds avec assurance que non, et toutes les personnes qui ont le moins de connoissances en navigation doivent faire, avec la même assurance, la même réponse. En effet prenons pour exemple le petit pross de Genève. Il est incontestable que si, m'en tenant au système actuel, j'entreprenois de naviguer, à la manière européenne, sur un bateau de forme quadrangulaire, n'ayant que 3 pieds de largeur, et n'enfonçant dans l'eau que d'un pied, je devrois être taxé d'une véritable démence, en méprisant ainsi tous les principes de l'hydrostatique et d'hydrodynamique, qui guident tous les constructeurs dans le système actuel. Mais ce n'est point à l'européenne que je fais naviguer mon bateau : je ne le fais naviguer qu'en lui adjoignant des balanciers ; et leur adjonction procure immédiatement à ce bateau, d'une forme si différente de celle qui convient dans le système actuel, des qualités très-supérieures à celles qu'on pourroit obtenir dans ce même système, par la construction d'un bateau de même port, ayant la forme la plus avantageuse. On voit donc que les principes d'hydrostatique et d'hydrodynamique, qui guident les constructeurs dans le système actuel, ne sont nullement applicables au système nouveau que je propose ; et, encore une fois, puisqu'un petit bateau de forme quadrangulaire et ne tirant qu'un pied d'eau navigue beaucoup mieux avec des balanciers qu'un vaisseau européen ayant 15 à 18 pieds de largeur, et tirant 6 à 7 pieds d'eau, il est *réellement impossible* qu'un autre bateau ayant la même forme quadrangulaire, mais

construit sur des proportions triples ou quadruples, ayant par conséquent 10 ou 12 pieds
de largeur, et 3 ou 4 pieds seulement de tirant
d'eau, ne navigue pour le moins aussi bien
avec des balanciers proportionnels, qu'un
grand vaisseau qui a 40 à 50 pieds de largeur,
et tire 20 à 25 pieds d'eau.

Ce n'est pas, au reste, sans raison, qu'en
faisant dériver le nouveau système de navigation que je propose, de la seule extension
des proportions des pross indiens, j'insiste
tant pour conserver leur forme quadrangulaire ; car on verra bientôt que c'est à cette
forme et au grand alongement du corps de
navire de mes pross, que sont dus principalement la foule des avantages en vertu desquels
mon système porte la navigation à tout le
degré de perfection qu'il est peut-être possible qu'elle atteigne. Mais avant d'exposer
ces avantages, il convient de régler les dimensions de mes pross.

Je les divise en deux classes : les *pross-
hauturiers*, destinés aux voyages de longs
cours, ceux de l'Amérique, de l'Inde et de
la Chine ; et les *pross-caboteurs*, destinés à
naviguer le long des côtes, pour faire le commerce connu sous le nom de *cabotage*.

Des Pross-Hauturiers.

Voici d'abord les dimensions principales de cette première espèce de pross :

	pieds.	ponces.
Longueur absolue du corps de navire.	120	»
Largeur du corps de navire, de dehors en dehors.	14	»
Creux, ou profondeur verticale . .	10	»
Enfoncement dans l'eau, autrement tirant d'eau, égal partout, c'est-à-dire sans différence	5	»
Longueur des balanciers, la même que celle du corps de navire. . . .	120	»
Grosseur en carré des balanciers. . .	2	4
Intervalle de milieu en milieu entre les balanciers	30	»
Largeur totale du pross, comptée de dehors en dehors des balanciers. .	31	6

Les deux balanciers sont liés au corps de navire par deux poutres horizontales de sapin, traversant de part en part le corps de navire à une hauteur qui est à peu près la moitié du creux, de manière que leur surface inférieure est élevée d'environ 2 pieds au-dessus du niveau de l'eau. J'appelle *traverses* ces deux poutres horizontales. Leur emplacement, relativement à la longueur du pross, est aux deux points tiers de cette longueur : de sorte que leur intervalle est de 40 pieds, et que c'est aussi de 40 pieds que les balanciers les débordent en avant et en arrière.

	pieds.	pouces.
Grosseur en carré des traverses . .	1	3
Longueur totale des traverses. . .	31	6
Saillie extérieure des traverses de chaque côté du corps de navire, comptée jusqu'au milieu de chaque balancier).	8	»

Si le pross, qui est de forme quadrangulaire, étoit en outre un parallélipipède rectangle, on auroit le volume du fluide qu'il déplaceroit, en multipliant la longueur 120 par la largeur 14, et par le tirant d'eau 3 : ce volume seroit donc de 5040 pieds cubes. L'amincissement des extrémités réduit ce volume à 4332 pieds cubes. Multipliant donc ce nombre par 72, poids du pied cube d'eau de mer, on trouve que le déplacement total du pross est de 311,904 livres, environ 156 tonneaux.

Il faut déduire de ce déplacement 47 tonneaux pour le poids de la coque, y compris les deux traverses, et 9 tonneaux pour le poids de la mâture, du gréement, des ancres, cordages, etc. : il reste 100 tonneaux pour le port effectif en marchandises du pross.

Il n'y a rien à déduire pour le poids des balanciers, parce qu'étant d'une pesanteur spécifique égale à la moitié de celle de l'eau, et étant immergés à moitié, l'eau les soutient de manière à rendre leur pesanteur nulle.

La base de la colonne d'eau refoulée par le corps de navire n'a que 42 pieds carrés de surface. Aucun navire actuel ne porte, par un vent bon frais, une surface de voilure qui soit égale à plus de 40 fois la surface de la base de la colonne d'eau refoulée. Ainsi, en faisant la surface de voilure de mon pross égale à 80 fois la surface de la base de la colonne d'eau qu'il refoule, c'est-à-dire en lui donnant 3360 pieds carrés de surface, il aura une voilure proportionnellement double de celle du plus fin voilier actuel, et il jouira par conséquent, au degré le plus éminent, de l'une des principales qualités inhérentes à la construction des pross, celle d'une marche incomparablement supérieure à la marche des plus fins voiliers actuels.

Bouguer a trouvé par expérience que la force moyenne du vent frappant perpendiculairement une surface plane, est d'une livre par chaque pied carré de surface. Ainsi un vent qui produit un effort de 7 livres doit être regardé comme impétueux : or, tel est le vent par lequel mes balanciers mettent le pross en état de porter toute sa voilure (*c*) ; et comme les meilleurs navires ordinaires sont alors obligés de larguer une partie de leurs voiles, on voit que c'est particulièrement lorsque le vent sera très-impétueux que les pross auront le plus d'avantage sur nos plus fins voiliers actuels. Leurs balanciers les mettront à même de porter au moins le quart de leur voilure dans les tempêtes les plus violentes, et ils continueront ainsi de faire bonne route avec une prodigieuse rapidité de sillage, tandis que les meilleurs navires ordinaires, obligés alors de *mettre à la cape*, deviennent le jouet des flots et du vent.

Avant de pousser plus loin le développement des avantages de mon Système de Navigation, répondons aux deux objections importantes que peut faire naître l'idée générale que je viens de donner de ma construction.

La première objection est relative à l'adjonction des balanciers : c'est dans la solidité de cette adjonction que réside toute la sûreté de la nouvelle navigation que je propose, et il falloit en conséquence ne rien négliger pour dissiper entièrement toutes les inquiétudes qui peuvent naître à cet égard : c'est ce que j'ai fait, et ce que je prouve avec détail dans la note (*d*), à laquelle je renvoie les gens de l'art. Quant à ceux qui n'ont aucune connoissance sur ces matières, il suffit de leur observer que la seule cause de rupture des traverses dans leur saillie hors du corps de navire (car toute rupture dans l'intérieur est évidemment impossible), est le poids du balancier dans le cas où il se trouveroit entièrement démergé; que ce poids est de 7,840 livres; que, puisqu'il y a deux traverses, chacune d'elles n'a à supporter pour *maximum* qu'un effort de 3,920 liv.; que n'ayant que 8 pieds de saillie sur 15 pouces carrés de grosseur, le calcul apprend qu'il faudroit pour les rompre un poids de 65,700 livres; que leur force est donc 16 fois supérieure au plus grand effort de rupture qu'elles puissent avoir à supporter; et qu'enfin, puisque les expériences de Buffon apprennent qu'il suffiroit qu'elle fût double de l'effort de rupture pour résister sans rompre, en supportant la charge pendant des années entières sans interruption, il serait *réellement absurde* de concevoir la plus légère inquiétude à cet égard, sur-tout en considérant que ce ne peut être pendant des années, mais seulement pendant un petit nombre d'instans très-courts, que les traverses auront à supporter ce faible *maximum* de leur charge.

Si l'on doit être parfaitement tranquille sur la force des traverses (et comment craindre d'ailleurs la rupture d'une poutre qui a 15 pouces en carré de grosseur sur une foible longueur de 8 pieds?) on doit l'être également sur la possibilité de leur désunion avec les balanciers. En effet, les balanciers sont unis à chaque traverse par un boulon de fer vertical qui traverse de part en part le balancier et la traverse, celle-ci étant fortifiée par une bonne armature en fer dans l'endroit où elle est traversée. Il résulte de cette explication que la désunion du balancier et de la traverse ne pourroit s'effectuer que par la rupture du boulon, dans le petit intervalle qui sépare la traverse du balancier. Or, cet intervalle ne sera pas de plus de 6 pouces, et un boulon qui, sur cette foible longueur, a seulement deux pouces de diamètre, doit être évidemment considéré comme irruptible. Il suffit donc de donner cette grosseur au boulon, pour qu'il devienne aussi absurde de craindre que le balancier se détache de la traverse, qu'il l'est de craindre la rupture de celle-ci·

On voit donc quelle surabondance de précautions j'ai prise, par la grosseur exagérée des traverses et des boulons, pour assurer l'invariable réunion des balanciers au corps de navire. On sentira encore mieux cette surabondance, en voyant dans l'ouvrage de M. Lescalier combien on est loin d'avoir pris dans les Indes de si grandes précautions à cet égard. Les balanciers des caracores sont des mâteraux extrêmement minces, et leurs traverses de foibles bamboux liés aux balanciers avec de simples fils de coco, sans boulons ni fer; et il est sans exemple que cette liaison ait jamais manqué. Il y a, d'ailleurs, une raison puissante pour être parfaitement tranquille à cet égard : c'est qu'on ne pourroit concevoir une inquiétude un peu fondée sur la solidité de l'adjonction des balanciers, qu'en raison de la violence des mouvemens du pross à la mer. Or, j'ai bien démontré, par l'expérience des caracores et du pross de Genève, que ces mouvemens sont extrêmement doux; et il y a même lieu de croire qu'ils seront à peine sensibles sur le pross dont je viens de régler les proportions, à raison de l'étendue de ses dimensions.

Comme une chose aussi nouvelle que celle que je propose, ne peut manquer d'exciter la jalousie de ces praticiens ignorans qui ne doivent une certaine réputation qu'au bonheur d'avoir veilli dans leur état, je dois m'attendre de leur part à toutes ces objections vagues et insignifiantes qui ne tirent toute leur force que de l'air doctoral dont ils les font, et de la confiance aveugle qu'on accorde à leur expérience prétendue. Ils diront peut-être, par exemple, et voici la deuxième objection que j'ai dû prévoir, que, pour conserver le principal avantage de mon système, la légèreté, je n'emploie pas dans la construction du corps de navire la quantité de bois suffisante pour lui procurer toute la force qu'exige son extrême longueur. J'embarrasserois bien, je crois, ces vieux routiniers qui savent à peine les principes élémentaires de la mécanique, si j'exigeois d'eux, comme j'y serois fondé, qu'ils appuyassent leur objection par des calculs précis ! Heureusement que je ne me trouve pas, pour détruire cette objection, dans le même embarras où ils se trouveroient pour l'appuyer.

Observons d'abord que, constamment égarés par une aveugle routine, tous les constructeurs se sont formé une idée très-fausse de la manière d'assurer la solidité d'un vaisseau. Comme il est toujours beaucoup plus long que large, l'effort de rupture auquel il est le plus essentiel de s'opposer, est celui dans le sens de sa longueur, parce que les extrémités étant beaucoup plus fines que le milieu, sont cependant beaucoup plus chargées ; qu'ainsi elles manquent de soutien à la mer, fléchissent, et que le vaisseau prend, dans le sens de sa longueur, une courbure très-sensible appelée *arc*, qui peut finir par causer sa perte, soit en produisant, par l'écartement des parties extrêmes, des voies d'eau impossibles à étancher, soit même en brisant tout-à-fait le vaisseau.

Jusqu'à présent tous les constructeurs, sans exception, ont cru que c'est la force de la membrure, ou, en d'autres termes, ce qu'ils appellent *l'épaisseur de l'échantillon*, qui peut seule empêcher cet effet funeste. Ils ont donc surchargé les vaisseaux d'une charpente énorme et d'autant plus considérable, qu'ils ont de plus grands poids à supporter : d'où il est résulté que la coque des vaisseaux à trois

ponts pèse à elle seule environ les trois cin-
quièmes du poids total du déplacement; celle
des frégates, la moitié; et celle des grands
vaisseaux marchands, le tiers.

Cette opinion des constructeurs, quelque
ancienne et quelque générale qu'elle soit,
n'en est pas moins une erreur qu'il peut être
utile à l'objet de ce mémoire de rectifier. Je
dis donc que la membrure d'un vaisseau ne
doit être considérée que comme un moyen de
liaison, et qu'elle n'ajoute rien, absolument
rien à la force longitudinale, parce que les
intervalles appelés *mailles* qui existent entre
les membres, leur permettant de se rappro-
cher les uns des autres, ces membres, quel
que soit leur échantillon, ne s'opposent nullement à la flexion du vaisseau dans le sens de
sa longueur. Ce qui s'y oppose, c'est l'espèce
de muraille verticale formée par l'épaisseur
des bordages extérieurs, et des bordages in-
térieurs appelés *vaigres*, parce qu'ils produisent par leur juxta-position, et leur situation
verticale au-dessus de la flottaison, la seule
force capable de résister à la flexion longitudinale, celle que les praticiens appellent *force
de champ.*

Lorsque j'émis, pour la première fois, il y

a quinze ans, cette opinion de l'inutilité de la membrure comme principe de solidité, tous les constructeurs s'élevèrent contre moi, et cependant quelques exemples frappans auroient pu les convaincre de cette importante vérité. Toutes les chaloupes et canots n'ont de membrure que celle nécessaire pour fixer les bordages, et, quelque foible et quelque espacée que soit cette membrure, ces embarcations n'en bravent pas moins la fureur des mers, sous le rapport de la solidité, tout aussi bien que les vaisseaux les plus massifs. Mais d'ailleurs une grande expérience contre laquelle il n'y a rien à objecter, va achever de confirmer ma théorie.

J'ai construit, en 1800, à Copenhague, un grand vaisseau de commerce, du port effectif de 5oo tonneaux, dans lequel j'ai *entièrement supprimé la membrure*, de manière que sa coque n'est uniquement formée que par des bordages appliqués successivement les uns sur les autres. Il y en a cinq couches, ne formant toutes ensemble, par leur superposition, qu'une épaisseur d'environ 6 pouces, parce que les bordages ne sont que des planches de sapin d'un peu plus d'un pouce d'épaisseur.

Ce vaisseau, appelé *Swar-til-alt* (mot danois qui signifie *réponse à tout*) a 28 pieds de largeur et 108 de longueur. Le poids total de sa coque n'est que de 100 tonneaux, tandis que celui de la coque d'un bâtiment marchand de même grandeur, construit par les procédés ordinaires avec une membrure, en pèse 250. On voit donc que ce n'est point la *massiveté* de la coque d'un vaisseau qui constitue sa solidité, puisqu'en voici un dont la coque est *deux fois et demie* plus légère que celle des vaisseaux ordinaires de même grandeur, et qui s'est trouvé incomparablement plus solide : car le *Swar-til-alt* a navigué pendant quarante mois consécutifs sur les mers du Nord, qui sont les plus orageuses de l'Europe. Non seulement il a reçu les coups de vent les plus violens, auxquels il a résisté sans recevoir aucune avarie ; mais il a éprouvé au Havre un échouage terrible, qui, au dire de tous les marins qui en ont été témoins, auroit immanquablement brisé en deux tout autre vaisseau, et dont il s'est cependant relevé sans qu'il s'y soit même ouvert aucune voie d'eau.

Or, c'est par les mêmes procédés que je construirai le corps de navire de mon pross ; et l'on sent déjà par analogie que sa coque, en ne pesant que 47 tonneaux, ne peut man-

quer d'être autant et même beaucoup plus
solide que celle du *Swart-il-alt*, qui en pèse
100 : car il est bien vrai que le corps de navire
du pross est plus long, mais ce n'est que dans
le rapport de 10 à 9, tandis qu'il est plus étroit
dans le rapport de 14 à 28 ; moins profond,
dans le rapport de 10 à 21, et sur-tout moins
pesant (car c'est la pesanteur totale qui est la
seule cause de rupture) dans le rapport de 156
tonneaux, qui est le poids total du pross, à 640
tonneaux qui est le poids total du Swar-til-alt,
en ajoutant à son chargement le poids de la
coque, de sa mâture, et de tout son gréement.

Enfin, pour ne laisser subsister aucun doute
sur un sujet si important, les gens de l'art
verront dans la note (*e*), qu'en établissant l'effort de rupture sur le cas le plus extrême,
fondé même sur une hypothèse entièrement
chimérique, j'ai une force longitudinale huit
fois supérieure.

Je me flatte d'avoir solidement démontré,
aux yeux même des personnes qui n'ont aucune connaissance de la navigation, *qu'on
naviguera avec beaucoup plus de sûreté encore sur mes pross que sur les vaisseaux
actuels les plus grands, et les plus solidement construits.* Voilà donc un sujet épuisé,

sur lequel je ne serai plus dans le cas de revenir. Reprenons donc à présent la discussion des qualités qui doivent assurer à mon nouveau système de navigation la prééminence sur le système actuel.

J'en ai déjà développé trois. La première est celle d'une marche extraordinairement rapide, et d'où résulteroit une vîtesse double de celle des plus fins voiliers actuels, si cette marche égaloit celle des pross-volans des îles Mariannes, et je ne vois pas de raison pour que cela n'arrive pas ainsi. Mais quand bien même l'excès de vîtesse de mes pross sur les plus fins voiliers actuels ne seroit que d'un tiers, et même d'un quart, c'en seroit encore assez pour jouir de deux avantages très-précieux, celui de ne pouvoir être atteint au large en temps de guerre par aucun vaisseau ennemi, et celui, en temps de paix, de gagner assez de temps sur la longueur des traversées, pour éviter la moitié au moins des coups de vents dont les vaisseaux de commerce sont actuellement assaillis pendant la durée de leurs longues traversées.

La seconde qualité des pross est celle de n'éprouver à la mer que des mouvemens de roulis et de tangage extrêmement doux. Cette qualité est d'autant plus précieuse, que c'est principalement, et peut-être uniquement la violence des mouvemens d'un vaisseau à la mer, qui est la cause des deux plus grands dangers qu'il y court, celui des voies d'eau, qui n'ont presque jamais pour principe que les commotions violentes et sans cesse instantanées que produit la violence des mouvemens, et celui de démâtement des vaisseaux qu'occasione bien moins la force du vent, que la rapidité et la grande amplitude des oscillations du roulis et du tangage , parce qu'elles produisent à l'extrémité des mâts, sur les vergues supérieures , une force centrifuge, qui est souvent double et triple de la force d'impulsion du vent.

La troisième qualité est celle de réduire à 5 pieds le tirant d'eau des plus grands vaisseaux de commerce, qui est souvent porté, dans les grandes navigations hauturières, jusqu'à 17 ou 18 pieds. Combien de vaisseaux qui touchent sur des écueils , et se perdent corps et bien, qui se seroient sauvés s'ils avoient seulement enfoncé d'un pied ou deux de moins dans l'eau! Quels avantages ne doivent-ils donc pas retirer d'un allégissement de 12 à 15 pieds ! Combien des terres basses qu'ils peuvent cô-

toyer sans danger, et d'écueils au milieu desquels ils peuvent s'engager impunément !

D'ailleurs, dans l'état actuel des choses, ce
sont les ports à grandes profondeurs qui exercent exclusivement le monople du commerce
maritime : de sorte que des pays entiers qui
ne sont limitrophes à la mer que par des côtes
très-basses, n'en retirent aucun avantage,
tandis que, dans le système que je propose,
il n'y a guère de côtes qui n'offrent de dix
lieues en dix lieues des anses et des baies susceptibles, malgré leur peu de profondeur, de
devenir autant de centres de grands armemens maritimes, et qu'il pourra même s'en
effectuer jusqu'à une grande profondeur dans
l'intérieur des terres, par la navigation d'une
foule de fleuves et de rivières affluentes, recevant à peine aujourd'hui de foibles barques
de cabotage. Combien cette grande dissémi-
nation de commerce maritime ne doit-elle pas
être favorable aux progrès de l'agriculture et
du commerce intérieur !

On ne représentera pas, sans doute, comme
un inconvénient de mon système la limitation
à 100 tonneaux de port des plus grands pross
que je propose d'employer pour le commerce.
Si l'on se sert presqu'uniquement aujourd'hui

pour le commerce de l'Amérique et de l'Inde, de vaisseaux de 400 à 600 tonneaux de port, c'est que, dans le système actuel de notre navigation, des vaisseaux plus petits seroient tellement agités sur les hautes mers qu'ils auroient à parcourir, qu'ils navigueroient très-mal et seroient exposés à de grands dangers : mais du moment qu'un pross de 100 tonneaux de port doit se comporter aussi bien, et mieux encore à la mer que les plus grands vaisseaux de ligne, il est évident que l'armateur qui doit expédier 600 tonneaux de marchandises pour l'Inde, trouve plus d'avantages à les charger sur 6 pross de 100 tonneaux chacun, ne tirant que 3 pieds d'eau, que sur un seul de 600 tonneaux, qui en tireroit 6 ou 7 , parce qu'ils ont plus de relâches et moins de dangers à courir, à raison du moindre tirant d'eau ; parce que les risques à la mer, étant plus partagés, sont moins grands ; parce que, naviguant de conserve, ils peuvent se prêter mutuellement des secours ; parce qu'enfin, complétant successivement leurs chargemens respectifs, ils peuvent partir à fur et mesure que leurs chargemens se complètent, d'où il résulte moins de temps perdu, et par conséquent plus d'économie.

J'observerai en outre que la construction première de 6 petits pross de 100 tonneaux ne coûte pas plus cher que la construction d'un seul pross de 600 tonneaux, et deux fois moins que celle d'un vaisseau ordinaire de même port, parce que la construction des pross s'effectue en sapin; qu'il faut beaucoup moins de ce bois que de bois de chêne, qui est beaucoup plus cher, et que la forme quadrangulaire rend la taille du bois si facile, que la main-d'œuvre est très-peu de chose. Cette dernière considération deviendra de la plus haute conséquence pour le Gouvernement, lorsque l'expérience aura prouvé que mon système doit entièrement remplacer le système actuel, du moins pour les constructions du commerce; car les forêts des Vosges et des Pyrénées, dont nous tirons actuellement si peu de parti, suffiront pour le renouvellement total de notre marine marchande : d'où il résultera que l'épuisement de toutes les forêts de l'Empire, par l'énorme quantité de bois que consomme la marine, cessera.

Je ne pense pas non plus qu'on regarde comme un inconvénient de mon système la grande étendue en superficie que les pross occuperont dans les ports, relativement à la foible

quantité de marchandises qu'ils peuvent charger; car ce n'est pas la superficie, c'est la profondeur seule qui manque aujourd'hui dans
tous les ports : or, cette profondeur sera toujours suffisante pour les pross, dont les plus
grands n'enfoncent dans l'eau que de 3 pieds.

Je n'ai encore parlé jusqu'ici que des pross
destinés aux grandes navigations hauturières.
Quant à ceux destinés au cabotage, leur forme
sera exactement la même que celle des pross
hauturiers, dont en conséquence ils ne diffé-
reront qu'en ce que toutes les dimensions de
ceux-ci seront diminuées d'un tiers : d'où il
résulte que les pross caboteurs auront les
proportions suivantes :

	pieds.	pouces.
Longueur du corps de navire. . .	80	»
Largeur *idem* de dehors en dehors.	9	3
Creux total.	6	8
Enfoncement dans l'eau.	2	»

Le corps de navire déplacera sous ces dimensions environ 46 tonneaux, dont il y en
aura à peu près 3o pour le port effectif en
marchandises.

Je ne fais les pross caboteurs plus petits
que les pross hauturiers, qu'afin de diminuer
encore davantage leur tirant d'eau, quelque

foible qu'il soit déjà : en le réduisant ainsi à 2 pieds, j'étends singulièrement la navigation sur les rivières, et je fais participer au commerce maritime des villes très - enfoncées dans l'intérieur des terres, telles que Florence, par l'Orno ; Avignon et Lyon, par le Rhône, peut-être même Macon, par la Saône; Angers, par la Loire, etc.

Cette navigation maritime, dont on ne peut manquer de sentir les avantages, en l'étendant si avant dans l'intérieur des terres , présente néanmoins deux difficultés à surmonter.

La première est le passage sous les ponts placés sur les rivières qui ont assez de profondeur pour permettre la navigation à des navires qui ne tirent que 2 pieds d'eau. Or , on a le choix entre deux moyens pour lever cette difficulté. Le premier, qui dépend du Gouvernement, consiste à ouvrir une arche des ponts pour y établir, comme en Hollande, un pont-levis qui laisse le passage de la mâture. Le second moyen, qui ne dépend que des armateurs, consiste à donner aux pross caboteurs une mâture qui s'abaisse et se relève à volonté. Dans les deux cas , il faut toujours que le passage sous chaque pont s'effectue à la cordelle , tirée par des hommes ou par un cheval, opération trop simple pour avoir besoin ici d'aucun développement.

La seconde difficulté pour la navigation des pross sur les rivières, paroît, au premier coup-d'œil, plus difficile à surmonter. C'est celle de refouler le courant, lorsque la rivière, quoiqu'assez profonde, est très-sinueuse et très-étroite On auroit bien ici la ressource du tirage, qui se feroit facilement par un seul cheval; mais ce seroit une opération assez dispendieuse pour chercher à l'éviter, s'il est possible. Or, nous allons voir que rien n'est plus aisé, pourvu toutefois que le chenal navigable n'ait pas moins de 150 toises de largeur. Mais il faut auparavant que j'explique un dernier avantage de mon nouveau système de navigation, qui est le complément de tous ceux que j'ai déjà expliqués jusqu'à présent, et qui porte mon système à un tel degré de perfection, qu'il ne peut plus y avoir aucune raison pour ne pas lui donner la préférence sur l'ancien, en abandonnant entièrement celui-ci.

Cet avantage consiste à avoir, dans mon système, une dérive si peu considérable, qu'on doit la regarder comme nulle : de sorte que les pross, soit hauturiers, soit caboteurs, feront toujours bonne route quelles que soient la force et la direction du vent, et par conséquent *n'auront plus jamais à lutter contre des vents contraires.*

Tout le monde sait que dans les routes obliques un navire recevant le vent par le travers est sollicité à se mouvoir en même temps, et dans le sens de la route qu'on veut suivre, et dans le sens latéral: de sorte que ne pouvant suivre les deux directions à la fois, il en suit une intermédiaire, qui l'écarte d'autant plus de sa route, qu'il éprouve plus de difficulté à se mouvoir dans le sens direct, et plus de facilité à se mouvoir dans le sens latéral, et que c'est cet écart de la route directe qu'on appelle *la dérive*. Il y a donc d'autant moins de dérive, qu'un navire éprouve, et une moindre résistance dans le sens direct, et une plus grande résistance dans le sens latéral.

Or, 1° le corps de navire du pross éprouve, à raison du peu de superficie de la base de la colonne d'eau refoulée et de la grande aiguité de sa proue et de sa poupe, une résistance directe, qui n'est peut-être que la moitié de celle du navire le plus fin ; 2° et la résistance latérale est au moins sextuple, parce que le corps de navire est proportionnellement trois fois plus long ; parce que le flanc étant partout vertical, ne reçoit par-tout qu'une impulsion perpendiculaire ; parce qu'enfin si, par l'extrême aiguité de leurs pointes, les balanciers n'augmentent pas sensiblement la résistance directe, ils augmentent très-considérablement la résistance latérale, à raison de leur grande longueur, qui est égale à celle du pross et de l'immersion de la moitié de leur diamètre. On voit donc que le rapport qui constitue la dérive est au moins douze fois plus grand dans les pross que dans les meilleurs navires ordinaires : d'où il suit que tandis que la dérive de ceux-ci est de 7 à 8 degrés, celle des pross ne doit pas être de plus de un à deux degrés ; c'est-à-dire qu'elle est sensiblement nulle (f).

Mais ce n'est pas tout : c'est seulement lorsque la mer est belle et lorsque le vent est modéré, qu'un bon navire ordinaire n'a que 7 à 8 degrés de dérive. Mais lorsque le vent est très-fort et que la mer est grosse, la forte inclinaison du navire et la grande amplitude de ses oscillations de roulis et de tangage rendent la dérive si considérable, à raison de la grande augmentation de la résistance directe et de la grande diminution de la résistance latérale (g), que cette dérive, ajoutée à l'obliquité de la route, ouvre presqu'à 90 degrés l'angle que fait la route effective avec la direction du vent : d'où il résulte que, loin de s'approcher du but, il suffit de la plus foible action des lames pour l'en écarter.

Ce funeste effet n'est point de nature à être démontré dans le corps de ce mémoire, destiné à être lu par des personnes qui n'ont aucune connoissance de la navigation. C'est pourquoi j'en ai rejeté la démonstration dans les notes (*f*) et (*g*). Or, voici à présent les conclusions définitives auxquelles cette démonstration conduit.

Il n'est aucun moyen quelconque, dans le système actuel de notre construction, de se rendre favorable un *vent - debout* lorsqu'il souffle avec force, parce qu'alors le navire éprouve une si grande dérive par l'effet de sa grande inclinaison et de la violence de ses mouvemens de roulis et de tangage, qu'il recule au lieu d'avancer ; il faut donc nécessairement, en naviguant à la manière européenne, se soumettre à la nécessité d'avoir à lutter contre des vents contraires ; et il n'est personne qui ne connoisse les funestes inconvéniens qui en résultent. Or, cette nécessité n'existe pas dans mon système : non seulement il n'y a plus pour les pross de vents contraires, mais celui qui est aujourd'hui le plus contraire, c'est-à-dire qui souffle dans la direction précisément opposée à celle de la route, devient d'autant plus favorable, qu'il souffle avec plus de force : de sorte que le *vent-debout*, bon frais, est réellement plus favorable, et approche plus du but qu'un vent en pouppe modéré : c'est ce qu'il faut que je démontre.

J'observe d'abord que je propose de donner à mes pross le gréement des *lougres*, comme celui qui est le plus propre à bien haler un navire dans le vent. Cela est d'autant plus facile, que la voilure de mes plus grands pross, les pross-hauturiers , n'a que 3,300 pieds carrés de surface, et que celle des pross-caboteurs n'en a à peu près que la moitié. Or, la première de ces voilures n'a que la moitié, et la seconde que le quart de la surface de voilure des plus grands lougres , qui ne sont cependant eux - mêmes que de petits navires. On voit donc que la voilure de mes pross, quoique double au moins de la voilure ordinaire , comparativement à la résistance du fluide, est néanmoins intrinsèquement très-peu considérable, et sera, en conséquence, très - facile à manœuvrer.

Observons encore en passant, puisque je règle ici les proportions de la voilure, qu'il conviendra de donner aux mâts et aux vergues des pross - hauturiers les mêmes grosseurs qu'aux mâts et aux vergues des lougres, quoique ceux-ci supportent un effort double. Voici la raison de cette disposition : les balanciers des pross leur procurent la faculté de porter une voilure encore très-considérable, quelle que soit la violence du vent, fût-ce même celle d'un vent de tempête le plus furieux. Il convient donc d'augmenter la force des mâts et des vergues. Or, il suffira de l'augmenter au degré que je prescris ici, parce que, comme je l'ai déjà dit ailleurs, c'est bien moins la force du vent que la violence des mouvemens d'un vaisseau, qui rompt la mâture. Ainsi, en donnant à celles de mes pross une force double de la force ordinaire, on craindra d'autant moins que la mâture puisse être rompue dans aucun cas, que le pross n'éprouvera jamais, même dans les tempêtes les plus violentes, que des mouvemens de roulis et de tangage extrêmement doux. J'en reviens à présent à mon objet actuel.

En donnant aux pross le même gréement qu'aux lougres, ils se dirigeront comme eux à 45 degrés du vent; mais, en suivant cette direction, la poussée verticale de l'eau sous leurs balanciers les empêchera, quelle que soit la force du vent, de s'incliner d'une manière sensible, et modérera leurs mouvemens de roulis et de tangage au point de les rendre presque nuls. C'est ce qui est complétement démontré, d'abord par l'expérience des caracores et du petit pross de Genève, et ensuite par les notes. Les deux seules causes de l'augmentation de la dérive n'existeront donc plus pour les pross. Cette dérive restera donc la même, lorsque le vent sera d'une violence extrême, que lorsqu'il sera modéré; mais j'ai démontré que, lorsque le vent est modéré, la dérive est sensiblement nulle. Elle sera donc également nulle, quelle que soit la force du vent; et par conséquent la direction de la route fera toujours avec celle du vent le plus contraire, un angle de 45 degrés. Mais la géométrie apprend que lorsqu'on navigue à 45 degrés du vent, on est obligé de parcourir 141 lieues sur les routes obliques qu'on fait en louvoyant, pour s'approcher de 100 lieues du but. Ainsi donc l'effet le plus fâcheux pour les pross naviguant avec un vent *debout*, quelque fort qu'il soit (car leurs balanciers les mettent en état de porter toujours une voilure considérable, même dans les tempêtes les plus violentes), sera de les forcer d'alonger leur route d'un peu moins de moitié en sus ; et comme leur vîtesse sera très-grande, pour peu que le vent ait de force, ils feront toujours leurs traversées dans des temps très-courts, quelles que soient la force et la direction du vent, et s'approcheront toujours rapidement de leur but : de sorte qu'on peut affirmer qu'il n'y aura plus de vents contraires que ceux qui sont extrêmement foibles, et qu'aussitôt qu'ils souffleront avec un peu de force, quelque impétueuse même qu'elle soit, *bien loin d'être contraires, ils deviendront favorables,* quand bien même ils souffleroient dans une direction diamétralement opposée à celle de la route.

Je suis à présent en mesure de répondre complétement à la seconde difficulté, que j'ai prévue plus haut, et qui est relative à la navigation des pross sur les rivières très-enfoncées dans l'intérieur des terres, et qui sont très-étroites et très-sinueuses. Je dis donc à présent que pour peu que le chenal, navigable sur une profondeur de 3 à 4 pieds pour les pross-caboteurs, et de 5 à 6 pour les pross-hauturiers, ait seulement partout une foible largeur de 150 toises, le grand nombre des sinuosités n'est point un obstacle à la navigation des pross, parce que n'ayant aucune dérive sensible, cinglant cependant avec une grande vîtesse, pour peu que le vent soit fort, et naviguant à 45 degrés du vent, ils vireront de bord *vent-devant,* aussi souvent qu'ils voudront, avec la certitude de s'élever toujours dans le vent, quelque courtes que soient les bordées que les sinuosités du fleuve les forceront de faire. Si les sinuosités sont très-nombreuses, les pross, en virant fréquemment de bord, feront, j'en conviens, une route très-serpentante. Mais quand bien même ils seroient forcés de virer de bord toutes les deux ou trois minutes, le chemin total qu'ils auront à faire pour arriver à leur destination, ne sera toujours alongé que de moitié en sus tout au plus ; et comme ils iront très-vîte, même contre le vent debout, ils arriveront encore à leur destination beaucoup plus tôt que ne le feroient des rouliers.

Je ne puis parler de la navigation maritime étendue très avant dans l'intérieur des terres, sans dire un mot des précieux avantages que la ville de Paris doit retirer à cet égard de mon nouveau système de navigation. Je crois qu'en tout temps la Seine seroit navigable pour des pross ne tirant que 3 pieds d'eau. Si donc on vouloit faire participer Paris aux avantages de mon système, en faisant arriver immédiatement jusque sous ses murs les denrées et marchandises de l'Amérique et des Indes, et en lui procurant ainsi un commerce maritime tout aussi étendu et aussi actif que celui des places maritimes actuelles les plus considérables, voici le plan que je crois qu'il conviendroit de suivre à cet égard.

Il faudroit terminer la navigation sur la Seine à Saint-Denis, et pratiquer un canal navigable de Saint-Denis à la Villette, où l'on agrandiroit au point convenable le port actuellement projeté pour les seuls bateaux arrivant par le canal de l'Ourcq. Ce canal de Saint-Denis auroit 60 pieds de largeur, et partout 5 pieds de profondeur d'eau : les pross le parcourroient tirés à la cordelle.

Tous les ponts placés sur la Seine, depuis Saint-Denis jusqu'à la mer, seroient ouverts à l'une de leurs arches, pour recevoir un pont-levis permettant le libre passage de la mâture des pross.

Le chenal de la Seine seroit jalonné à droite

et à gauche, pendant toute la longueur du cours de la rivière, sur la profondeur de 4 pieds dans le temps des plus basses eaux; et le jalonnage seroit marqué par des balises que de bons pilotes riverains, payés à cet effet par le gouvernement, seroient chargés d'entretenir et de changer, suivant les variations que les ensablemens produisent dans la direction du chenal. Au moyen de cette précaution, les pross, étant toujours guidés par les deux files de balises placées à droite et à gauche du chenal, ne seroient jamais exposés à se perdre.

Les pross remonteroient et descendroient à la voile, ce que nous venons de voir être très-facile, quelle que soit la direction du vent.

Comme il peut cependant y avoir quelques parties du cours de la rivière tellement encaissées, que les pross courroient le risque d'y être à l'abri du vent, dont il faudroit alors renoncer à se servir comme puissance motrice, il seroit établi de bons chemins de halage, et quelques chevaux pour le tirage des pross, dans ces parties seulement.

Comme mes plus grands pross n'enfoncent dans l'eau que de 3 pieds, je crois qu'ils pourront naviguer en tout temps sur la Seine, de-

puis Saint-Denis jusqu'à la mer. La longueur
de cette partie de son cours développé, c'est-
à-dire en y comprenant tous les circuits, est
d'environ 100 lieues marines. Si l'on se rap-
pelle l'énorme vîtesse des pross-volans des îles
Mariannes, on ne me taxera pas d'exagération
en estimant à 2 lieues marines à l'heure la vîtesse moyenne des pross : ainsi, en tenant
compte de l'augmentation du chemin résultant de la nécessité d'aller souvent au plus
près, on ne doit pas estimer à plus de 60 heu-
res le temps nécessaire pour se rendre de
l'embouchure de la Seine à Paris, sans qu'il y
ait rien à rabattre sur cette durée de temps
pour les vents contraires, puisqu'il n'y en a
point dans mon Système qui puissent empêcher de faire bonne route. On voit donc que
Paris, quoique situé presqu'au centre de l'Empire, n'en est pas moins susceptible d'un
commerce maritime tout aussi florissant que
s'il étoit sur le bord même de la mer.

Revenons à présent à la considération générale de mon Nouveau Système de Navigation, et récapitulons rapidement les avantages
que le commerce doit en retirer.

Il est aussi propre aux navigations hauturières, pour les pays les plus lointains, l'Inde

et la Chine, pour les voyages même autour du monde, que pour le cabotage.

Il substitue, dans les navigations hauturières, aux vaisseaux d'un très-grand port, des escadrilles de pross ne portant que 100 tonneaux, en multipliant les pross en nombre nécessaire pour porter tous ensemble la même quantité de marchandises que le vaisseau unique qu'ils remplacent.

Ces substitutions n'ont aucun inconvénient quant à la navigation proprement dite, puisque, malgré la foiblesse de leur port, les pross tiennent incomparablement mieux la mer que les plus grands vaisseaux actuels, et ils procurent une foule d'avantages précieux, ceux de pouvoir être armés dans les plus petits ports; de pouvoir être expédiés pour les côtes les plus basses, et pénétrer même très-avant dans l'intérieur des terres; d'être beaucoup moins exposés à se perdre à la côte; d'avoir un sillage extrêmement rapide, et de faire par conséquent leurs voyages dans des temps beaucoup plus courts; de faire toujours bonne route, quelles que soient la force et la direction du vent; de n'être plus forcés à des relâches souvent dispendieuses; de partir toujours à jour fixe aussitôt que leurs chargemens sont complets, sans craindre d'être retenus par des vents contraires; de faire une plus grande quantité de voyages dans le même temps , etc. etc.

Mais ce qui achève d'assurer la prééminence à mon système sur le système ordinaire , *c'est de paralyser immédiatement toutes les forces navales actuelles , en les mettant dans l'impossibilité de remplir le principal objet de leur armement, celui d'intercepter le commerce de l'ennemi; de sorte que le commerce peut désormais se faire avec autant de sûreté , pendant la guerre , qu'au sein même de la paix.*

Je suppose, pour prouver ce que j'avance ici , que le port de Bordeaux soit actuellement bloqué par une flotte anglaise, et contienne une flotte marchande de pross destinés pour les Etats-Unis. Voici comment cette flotte marchande sortira de Bordeaux sans que la flotte ennemie puisse l'empêcher, et acquierra ensuite la certitude de se rendre à sa destination.

Elle attendra un vent d'ouest un peu forcé, soufflant perpendiculairement sur la côte, et obligeant, par cette raison , les vaisseaux ennemis qui tirent beaucoup d'eau, à s'en tenir éloignés de plusieurs lieues , dans la crainte d'y être affalés par la force du vent, et de s'y perdre. Alors les pross, pour lesquels il n'y a points de vents contraires, appareilleront : comme ils naviguent sans dérive à 45 degrés du vent, et qu'ils ne tirent que 3 pieds d'eau, ils longeront la côte en s'en tenant à la portée du pistolet; ils suivront cette direction jusqu'à ce qu'ils aient entièrement dépassé la ligne du blocus : alors ils se mettront en route pour leur destination, avec la certitude, à raison de la prodigieuse célérité de leur sillage, de ne pouvoir être atteints, une fois qu'ils seront au large, par aucun des vaisseaux actuels; enfin, si, étant arrivés aux attérages du lieu de leur destination, ils le trouvoient bloqué par les ennemis, ils manœuvreroient alors comme ils auroient manœuvré à leur départ; c'est-à-dire que, profitant encore de l'extrême foiblesse de leur tirant d'eau, et de la faculté de se diriger sans dérive à 45 degrés de la direction du vent, quelque violent qu'il soit, ils longeroient la côte à la portée de pistolet, la tourneroient, si c'étoit une île, aussi facilement que pourroit le faire un bâtiment à rames, et continueroient cette manœuvre jusqu'à ce qu'ils trouvassent un petit port, une anse, où il y eût assez d'eau pour eux, et trop peu pour le plus petit navire de la construction actuelle.

Plus on réfléchira aux manœuvres que je prescris en temps de guerre, plus on se convaincra que les pross armés pour le commerce, ne pouvant être troublés en aucune manière dans leurs missions par aucun bâtiment de guerre actuel, rien n'empêche la restauration immédiate de notre commerce maritime ; et par conséquent les flottes si redoutables dont nos ennemis couvrent les mers, peuvent bien continuer encore à leur servir pour entretenir des communications avec leurs colonies ; mais ne pouvant plus en aucune manière intercepter désormais notre commerce, elles sont hors d'état de remplir ce principal objet de leur armement, et, sous ce point de vue, leur devenant aussi inutiles que si elles n'existoient pas, la liberté des mers est rendue à toutes les nations comme à la France, ainsi que l'annonce le titre de ce mémoire.

On ne m'objectera pas, sans doute, que nos armateurs, lors même qu'ils seront pleinement convaincus de l'admirable navigation des pross seront arrêtés dans la résolution d'en construire, par la crainte que nos ennemis ne se pressent de remplacer leurs vaisseaux de guerre actuels, qui leur deviennent inutiles à cet égard, par des pross armés en guerre. En effet, considérer cette crainte comme le seul obstacle à l'adoption de mon Nouveau Système de Navigation, c'est con-venir que toutes les forces navales actuelles sont paralysées, que toute suprématie mari-time, actuellement due à ces forces navales, est détruite ; et qu'une nouvelle suprématie ne peut plus être obtenue par aucune nation, qu'en acquérant en constructions de pross de guerre, la même supériorité de force qu'on obtient aujourd'hui en constructions de vais-seaux de ligne. Or, il faut la créer entière-ment cette supériorité en constructions de pross de guerre, puisqu'il n'y en a pas encore un seul de construit chez aucun peuple. Toutes les nations maritimes sont donc au pair à cet égard. Si les Anglois se pressent de construire des pross de guerre, pour reprendre la supériorité maritime, la France et ses nom-breux alliés se presseront à coup sûr, comme eux, d'en construire pour conserver la li-berté des mers qui sera établie ; et comme un grand nombre de ces alliés, qui ne pos-sèdent que des ports très-peu profonds, ne pouvoient acquérir auparavant aucune puis-

sance maritime, le peuvent aujourd'hui par
l'adoption de mon système, on voit que la
France et ses alliés pourront construire dix
fois plus de pross que les Anglois, et que
par conséquent non seulement la suprématie
maritime est perdue sans retour pour l'Angleterre, mais qu'elle est immédiatement dé-
volue à la France.

Je conviens, néanmoins, qu'en attendant
cette grande révolution dans le commerce
maritime de toutes les nations de l'Europe,
la perte de toutes nos Colonies doit nécessairement restreindre beaucoup la construction des pross-hauturiers destinés à être employés aux opérations commerciales. Mais il
nous reste encore de grandes ressources pour
ouvrir avantageusement cette nouvelle car-
rière. Comme les pross-hauturiers ne portent
que cent tonneaux, il suffit du seul commerce
avec les Etats-Unis pour en employer tout
de suite plusieurs milliers à l'échange de nos
denrées territoriales, et sur-tout de nos vins,
contre les denrées coloniales et les marchandises des Indes, dont nous manquons entièrement. D'ailleurs, mon système n'est-il pas immédiatement applicable au cabotage? Et de combien de milliers de pross ce genre de navigation

n'exige-t-il pas la construction la plus prompte, à raison de la prodigieuse activité de navigation, à laquelle doit donner lieu l'immense étendue actuelle des côtes de l'Empire ?

Me voici enfin en mesure d'entrer dans les détails de la grande spéculation dont l'explication est l'objet de ce mémoire.

J'ai obtenu, sous la date du 19 janvier 1810, un brevet d'invention pour la construction des pross. Si ma fortune me permettoit d'en construire un premier à mes frais, pour le conduire dans les principaux ports de l'Empire, à Nantes, à Bordeaux, etc., et plus particulièrement encore sous les murs de villes telles qu'Angers, qui communiquent à la mer par des rivières qui en sont trop éloignées, et qui sont trop peu profondes pour avoir été en mesure jusqu'à présent, de faire aucun commerce maritime, et auxquelles cependant mon Nouveau Système procure la faculté d'en ouvrir un tout aussi florissant que celui des cités maritimes actuelles les plus puissantes, il est évident que la démonstration, *par le fait*, de la foule d'avantages précieux que procure mon Nouveau Système de Navigation, détermineroit son adoption immédiate, en faisant entièrement abandonner le système actuel; et l'on sent quelle immense fortune me procureroit, par la prompte construction de plusieurs milliers de pross, le privilége exclusif qui résulte de mon brevet d'invention.

Que ce mot de privilége exclusif n'effraie pas cependant les armateurs et les constructeurs de vaisseaux. Il est juste sans doute que mon invention me procure des avantages proportionnés à la haute importance dont elle est; mais je n'en souillerai point la gloire par une avidité qui seroit d'ailleurs mal entendue, et je concilierai mon intérêt personnel avec celui du commerce et des constructeurs. Je m'empresse donc de déclarer que, loin de réserver le droit exclusif qui m'est attribué par mon brevet d'invention, de construire seul des pross, j'en laisserai la faculté à toutes les personnes qui exercent aujourd'hui notoirement dans toute l'étendue de l'Empire la profession de constructeur de vaisseaux. Je ferai plus : la forme quadrangulaire du corps de navire de mes pross, et leur construction en planches, nécessitent l'emploi de procédés tout nouveaux, que le plan et les bornes de ce mémoire m'ont à peine permis d'indiquer, et que j'expliquerai dans le plus grand détail par la voie de l'impression ; aussitôt qu'une première expérience en mer assurera, par un plein succès, l'adoption de mon Système pour le commerce et l'abandon total du système actuel.

Je me bornerai, en faisant cette concession à tous les constructeurs, à exiger d'eux, comme un droit résultant de mon brevet d'invention, le paiement d'une somme fixe de 60 francs par chaque tonneau de port effectif des pross qu'ils construiront, et je leur démontrerai qu'en y comprenant le paiement à mon profit de ce droit, la construction première de quatre pross de cent tonneaux, sera moins chère de moitié que la construction d'un vaisseau actuel de quatre cents tonneaux.

Ce plan concilie, comme on voit, ainsi que je viens de le dire, l'intérêt du commerce et celui des constructeurs avec le mien propre. Il concilie l'intérêt du commerce, en n'apportant aucune entrave dans la prompte adoption de mon système : il concilie l'intérêt des constructeurs, en les mettant tous en mesure d'exécuter un grand nombre de constructions, qui ne peuvent manquer de leur produire de très-grands bénéfices ; tandis qu'ils

n'exercent aujourd'hui qu'une profession rui-
neuse, à raison de la nullité des armemens
maritimes.

Mais il faut, je le répète, pour bien assurer
la prompte adoption de mon Système, qu'il
soit bien prouvé par la navigation en pleine
mer d'un premier pross, que ce système procure en effet tous les avantages que j'ai exposés dans ce mémoire. Je crois bien les avoir
établis déjà sur les preuves les plus solides ;
mais les raisonnemens les plus justes, et même
les démonstrations mathématiques, ont besoin de l'appui de l'expérience. Voici donc
les moyens que je propose pour parvenir à la
faire.

J'ai estimé à 25,000 francs la construction
d'un pross de cent tonneaux de port effectif.
J'ouvre, en conséquence, pour me procurer
cette somme, une souscription aux conditions
suivantes :

La construction est divisée en vingt-cinq
actions de 1,000 francs chacune.

Je m'engage à passer un acte avec chaque
propriétaire d'actions, en vertu duquel je lui
ferai abandon, sur le droit de 60 francs par
tonneau que je me réserve, comme inventeur, sur tous les pross à construire, un droit

particulier de 10 francs par tonneau , que je devrai faire audit propriétaire pour tous les pross sans exception qui pourront être construits pendant toute la durée de mon brevet d'invention.

Toute personne qui sera dans l'intention de prendre une ou plusieurs actions, est invitée à m'en donner avis le plus promptement possible, par une lettre qu'elle est priée d'affranchir.

Aussitôt que je saurai, par la quantité de lettres d'avis que j'aurai reçues, que la souscription est remplie, j'écrirai à tous les souscripteurs pour leur indiquer le notaire de Paris, qui passera les actes, et chez lequel ils seront tenus de verser le montant de leur souscription.

La construction du pross se fera à Rouen, si les souscriptions sont disséminées dans plusieurs villes à la fois ; mais si la souscription n'est remplie que par des habitans d'une seule ville, la construction sera faite dans cette ville même, si les souscripteurs le désirent.

Je ne risquerai point ici des calculs positifs sur les avantages de la souscription que je propose, parce que l'énormité même des bénéfices dont j'offrirois la perspective, seroit peut-être capable d'altérer la confiance que mérite cette grande spéculation. Je ne puis cependant me dispenser de terminer ce Mémoire par quelques réflexions importantes.

Je crois avoir trop solidement démontré les avantages du nouveau système de navigation que je propose, pour que tous ceux qui liront ce Mémoire ne soient pas convaincus, comme moi, que les armateurs abandonneront partout la construction actuelle pour lui substituer celle des pross, aussitôt que tous les avantages que procure leur navigation leur seront bien démontrés par une première expérience; que ce nouveau système, paralysant immédiatement toutes les forces navales qui font seules aujourd'hui la destinée du commerce dans tous les états de l'Europe, la liberté des mers sera rendue à toutes les nations; qu'il en résultera dans leur commerce une révolution dont l'effet nécessaire sera d'établir partout un juste équilibre entre le nombre des armemens, d'une part, et, de l'autre, l'étendue du territoire, la richesse des productions et l'activité de l'industrie; que, considéré sous ce point de vue, l'Empire français doit élever rapidement son commerce maritime à la même hauteur que sa puissance; et que livré ainsi à lui-même, sans pouvoir désormais recevoir la loi d'aucune nation étrangère; que dis-je? en l'imposant peut-être lui-même à toutes les autres, la masse de ses armemens maritimes doit devenir double et triple de ce qu'elle a jamais été dans les temps les plus prospères. Or toutes les personnes instruites sur ces matières, savent qu'on ne peut pas, estimer à moins de 2,000 tonneaux le port total de tous les navires marchands employés pour le commerce de l'ancienne France, dans les temps de sa plus grande activité : il s'élevera donc promptement à 5 ou 6,000 tonneaux ; mais les navires seront tous des pross ; mais tous ceux qui contribueront pour une somme de mille francs dans la souscription que j'ouvre, auront à prélever, à leur profit, un droit de *dix francs* par tonneau : prenez la plume, et calculez.

Je préviens que je ne recevrai aucune lettre qui ne soit affranchie.

Paris, ce 15 juin 1811.

C. L. DUCREST,

rue du Faubourg-Poissonnière, n° 32.

NOTES.

(a) Un vaisseau ordinaire, et n'ayant point de balanciers, ne conserve sa situation verticale que parce que
le centre de gravité de son déplacement se trouve dans
la même verticale que le centre de gravité de pesanteur
du vaisseau. Or, cette situation des deux centres de
gravité dans la même verticale n'existe que tant que le
fluide reste de niveau ; mais c'est ce qui n'arrive jamais
à la mer. Voici donc les effets nécessaires du continuel
dénivellement du fluide lorsque le vaisseau navigue en
recevant le vent par son travers.

Toutes les lames ayant leur direction d'un même
côté, celui de babord, par exemple, soulèvent le vaisseau en passant par-dessous, et commencent par former un abaissement du côté de babord : alors le centre
de gravité du déplacement passant à tribord, ne se
trouve plus dans la même verticale avec le centre de
gravité de pesanteur. Il faut donc que le vaisseau s'incline à babord jusqu'à ce que le centre de gravité du
déplacement revenant à babord, se retrouve dans une
même verticale avec le centre de gravité de pesanteur.
Or, il résulte de la forme actuelle des vaisseaux (et il
seroit facile d'en donner la raison mathématique, s'il
ne suffisoit pas de l'expérience pour le prouver,) que ce
n'est qu'après une inclinaison très-considérable, passant souvent un angle de 3o à 4o degrés, que les deux

centres de gravité peuvent se retrouver dans la même verticale.

Cependant lorsque les lames ont passé par-dessous le vaisseau, il arrive, par l'effet de leur forme en *dos d'âne*, que l'abaissement du fluide qui étoit à babord se trouve à tribord. Le vaisseau est donc forcé, par la même raison que je viens d'expliquer, de prendre la bande du côté de tribord, comme il l'avoit prise auparavant du côté de babord, et cela jusqu'à ce que les deux centres de gravité qui s'étoient écartés en sens contraire, se retrouvent de nouveau dans une même verticale.

On voit donc qu'à chaque passage des lames sous le vaisseau, celui-ci prend successivement deux oscillations, l'une, d'un côté, l'autre, de l'autre ; et c'est cet effet nécessaire qu'on appelle *le roulis*.

La forme actuelle des vaisseaux est cause, quelque soin que prenne le constructeur pour l'éviter, qu'aussitôt que la mer commence à être agitée, il y a un roulis très-sensible, quelque peu agitée qu'elle soit, et que ce roulis devient d'autant plus violent, que l'agitation de la mer est plus grande. Le constructeur habile a bien des moyens de modérer jusqu'à un certain point la violence du roulis en donnant, par exemple, au vaisseau plus de finesse dans les fonds, et un plus grand tirant d'eau. Mais le roulis sera toujours considérable, pour peu que la mer soit grosse, et, dans ce cas, l'amplitude de ses oscillations ira souvent jusqu'à 25 ou 30 degrés, parce qu'il faudra souvent cette inclinaison pour ramener les deux centres de gravité dans la même verticale.

Cette cause nécessaire d'un roulis considérable étant

bien entendue, il est facile de comprendre celle qui réduit presqu'à rien le roulis des pross. Prenons pour
exemple un petit navire de 150 tonneaux ou 300 milliers de déplacement total; continuons l'hypothèse que
le mouvement des lames se fait de babord à tribord,
et supposons en outre, ainsi que cela a tout au plus
lieu, que le dénivellement du fluide sous le vaisseau
écarte d'un pouce le centre de gravité du déplacement
de la verticale du centre de gravité de pesanteur, le
moment de la force qui tend à redresser le vaisseau sera
$300000 \times \frac{1}{12} = 25000$.

Donnons à présent à ce vaisseau deux balanciers dont
le déplacement soit 15 milliers, et plaçons-les à 16
pieds de l'axe du vaisseau : lorsque le vaisseau s'incli-
nera, les poids des deux balanciers se feront mutuellement équilibre; ainsi la poussée verticale de l'eau sous
le balancier entièrement immergé, sera employée toute
entière au redressement du vaisseau. Le moment de
cette force sera donc $15000 \times 16 = 240000$. Donc les
balanciers résisteront au roulis avec une force près de
10 fois plus considérable que celle qui pourroit dériver
de la forme même du vaisseau, s'il n'a point de balancier.

Il y a plus : je dis que l'inclinaison du roulis sera à
peine sensible. En effet, le moment qui résiste à l'inclinaison est 25000. Divisant donc ce moment par le
bras de levier 16 du flotteur, on trouve qu'aussitôt que
l'immersion du flotteur sera augmentée de manière à
produire une augmentation d'environ 1500 livres dans
le déplacement du balancier, l'inclinaison du roulis
sera arrêtée. Or, cette augmentation de déplacement
n'exige pas une augmentation d'immersion de plus de
2 ou 3 pouces; et une si foible immersion à 16 pieds de

distance de l'axe du vaisseau, ne peut pas produire une inclinaison d'un degré. Donc le roulis du vaisseau avec des balanciers doit être véritablement insensible. Au reste, cette théorie va être bientôt confirmée dans le corps du mémoire par le compte de l'expérience faite à Genève.

La cause du tangage étant la même que celle du roulis, les balanciers, en leur donnant la même longueur que le navire, doivent également modérer la violence de ses mouvemens par la résistance qu'opposent à ses oscillations l'immersion des deux parties antérieures des balanciers, et la démersion des deux parties postérieures.

(*b*) Il est essentiel d'observer, comme conséquence de la note précédente, que les balanciers réduisent presqu'à rien le roulis et le tangage d'un vaisseau, quelle que soit d'ailleurs sa forme. Ainsi, des vaisseaux à fonds très-plats, et tirant extrêmement peu d'eau, qui navigueroient très-mal dans le système actuel, à raison de la violence de leurs mouvemens, deviendront, avec des balanciers, d'excellens vaisseaux, en ne s'occupant plus que d'un seul soin dans leur tracé, celui de leur donner une forme propre à diminuer la résistance du fluide.

Le corps de navire de la nouvelle construction que je proposerai ci-après est de forme quadrangulaire, et son tirant d'eau n'est pas le tiers du tirant d'eau des vaisseaux actuels de même port. L'exemple des bateaux plats et des prames construits en France il y a 50 ans, prouve combien cette forme seroit vicieuse, si de semblables vaisseaux naviguoient par les procédés ordinaires. Mais, l'adjonction des balanciers fait disparoître entièrement tous les inconvéniens de cette construc-

tion, parce que conservant constamment leur vertica-
lité, ils se trouvent dans le même cas que s'ils navi-
guöient toujours sur une mer parfaitement calme, et
dès lors il n'y a plus qu'un seul soin à prendre, celui
de diminuer autant que possible la résistance du fluide,
par la grande aiguité de la proue et de la pouppe. Aussi
les prames avoient-elles un sillage très-rapide vent
arrière lorsque la mer étoit très-belle.

(c) L'obliquité des voiles lorsqu'on navigue à 45 degrés de vent, est cause qu'on ne doit pas estimer la force
d'inclinaison du vent dans le sens latéral à plus du
tiers de son effort absolu, dans le cas où son impulsion
agit dans une direction perpendiculaire. Ainsi, lorsque
le vent souffle avec un effort absolu de 7 livres sur chaque pied carré de surface, ce qui est un vent très-impétueux, l'effort d'inclinaison est de 2 livres un tiers
par pied carré de surface, et par conséquent l'effort
total d'inclinaison sur toute la voilure est de 7840
livres.

Lorsque la force du vent incline assez le pross pour
immerger entièrement le balancier sous le vent, il est
évident 1° que le balancier qui est au vent, étant entièrement démergé, tend à redresser le pross avec une
force égale à son poids; 2° et que le balancier sous le
vent étant entièrement immergé, tend aussi à le relever avec une force égale à toute la force de la poussée
verticale sous lui, moins son poids propre. On voit donc
que la pesanteur du balancier sous le vent fait équilibre
à la pesanteur du balancier du vent; que par conséquent la pesanteur des balanciers est totalement étrangère à la stabilité du pross; qu'il serait égal à cet égard
qu'ils fussent de fer ou de liége; que c'est uniquement

la poussée verticale de l'eau sous le flotteur immergé, qui tend à relever le pross, et qu'elle y est employée toute entière.

L'effort d'inclinaison du vent est de 7840 livres; mais le bras de levier de cet effort est double du bras de levier des balanciers; la poussée verticale de l'eau sous ceux-ci doit donc être de 15680 livres : ainsi, divisant par 72, on trouve que la solidité des balanciers doit être de 204 pieds cubes.

Les balanciers seront carrés. La forme extrêmement aiguë de leurs extrémités diminuera la solidité du parallélipipède rectangle circonscrit, dans le rapport de 100 à 41. Le calcul apprend, en conséquence, que la grosseur en carré des balanciers doit être de 2 pieds en carré à peu près, ainsi que je la règle dans le corps du mémoire.

On a vu plus haut que la pesanteur propre des balanciers est indifférente quant à la stabilité. Mais il convient de faire cette pesanteur égale à la moitié du poids du déplacement, parce que les balanciers étant immergés à moitié, leur pesanteur sera nulle dans l'état habituel, et par conséquent ils ne produiront habituellement aucun effort de rupture sur les traverses.

Comme il convient, pour la solidité, de faire les balanciers massifs, on sera bien près de remplir la condition qui vient d'être imposée, en les construisant en bois de sapin, dont la pesanteur spécifique est à peu près la moitié de celle de l'eau de mer.

(d) Pour bien établir la force de résistance des traverses, il convient de commencer par poser quelques principes sur la force des bois.

Les praticiens établissent pour règle que la force des

bois de même nature est proportionnelle à leurs dimensions simples en largeur, aux carrés du champ (et par conséquent aux cubes des grosseurs lorsque les pièces sont carrées), et qu'elle est en raison inverse des longueurs.

J'ai vérifié toutes ces lois sur les différentes expériences de Buffon, en concluant du foible au fort, et j'ai trouvé qu'on doit regarder les trois premières lois comme assez exactes, parce que les résultats des expériences ont été tantôt plus forts et tantôt plus foibles que ceux de la théorie, et que ces différences paroissent ne devoir être attribuées qu'aux erreurs inévitables dans les expériences de cette nature.

Quant à la dernière loi, celle qui établit que les résistances sont en raison inverse des longueurs, les résultats conclus du foible au fort, que l'expérience a donnés, ont été constamment trop grands dans toutes les expériences que j'ai dépouillées : de sorte qu'il me paraît certain que les forces décroissant dans un plus grand rapport que la raison inverse, la loi doit être modifiée. J'ai donc cherché un terme moyen dans les expériences, et j'ai trouvé que, lorsqu'on conclut du foible au fort, il faut élever le rapport inverse à la puissance $\frac{5}{4}$.

Ces principes posés, il ne reste plus pour calculer la force des traverses qui unissent les balanciers au corps du navire, qu'à trouver une expérience première qui nous serve de type, et Duhamel nous la fournit dans son Traité de la Conservation des Bois. Il a trouvé qu'une solivette de sapin, d'un pouce en carré de grosseur, scellée à l'une de ses extrémités, et chargée à l'autre à une distance de 5 pieds 10 pouces, est rompue en terme moyen par un poids de 48 $\frac{1}{6}$ livres. Voilà l'expé-

-rience que je prends pour type , sur quoi il est essentiel d'observer que, comme je conclus les forces du foible au fort, les foibles dimensions de la pièce de bois employée dans l'expérience qui nous sert de type, n'en sont que plus propres à nous inspirer de la confiance, parce que les forces calculées seront plutôt trop fortes que trop foibles.

On a vu dans le corps du Mémoire que les balanciers sont immergés à moitié, et que leur pesanteur spécifique est la moitié de celle de l'eau ; donc le *maximum* de leur effort de rupture sur les traverses , soit de bas en haut par leur entière immersion , soit de haut en bas par leur entière démersion, sera égal à la moitié du poids du volume d'eau déplacé , et sera , par suite de la note (*c*), de 7,840 livres; ainsi : puisqu'il y a deux traverses , la charge de chacune est de 3,920 livres.

La saillie des traverses, comptée jusqu'à leur point d'attache avec les balanciers, est de huit pieds ; et leur grosseur en carré est de quinze pouces : il faut donc faire cette proportion :

$$\frac{1}{(3\frac{5}{6})\frac{5}{4}} : \frac{\overline{15}^3}{8\frac{5}{4}} :: 48\frac{5}{6} : \textit{la force nécesssaire pour rompre la traverse.}$$

Faisant le calcul, on trouve 65,700 livres pour le poids de rupture; mais le *maximum* de l'effort de rupture est de 3,920 livres : la force de résistance des traverses est donc seize fois plus grande que le *maximum* de l'effort qui peut tendre à les rompre.

(*e*) Je suppose le corps de navire du pross fixé sur un plan inébranlable dans toute la moitié de sa longueur, de manière que l'autre moitié est entièrement suspen-

NOTES.   73

due en l'air, et tend par son poids à rompre le corps de navire. Cette moitié suspendue pèse 78 tonneaux, ou 156 milliers, et comme les poids sont répandus tout le long de la moitié saillante, le bras de levier de rupture est de 30 pieds.

Je considère comme nulles les résistances que le fond du navire, le pont, et même la membrure verticale des flancs opposent à la rupture : de sorte que je ne regarde comme force résistante que celle des deux plans verticaux formés par les quatre couches de bordage qui revêtissent extérieurement les flancs du navire.

Comme chacune de ces couches a un pouce d'épaisseur, les quatre couches ont ensemble quatre pouces d'épaisseur, et il en faut compter huit, en réunissant les deux flancs.

L'effort de rupture agissant ici dans une direction verticale, l'épaisseur de huit pouces que nous venons de déterminer, est la largeur ; et *le champ* est la hauteur du flanc, qui est de dix pieds ou cent vingt pouces. Nous venons de voir que le bras de levier de rupture est 30. Il faut donc établir cette proportion :

$$\frac{1}{\left(3\tfrac{5}{6}\right)\tfrac{5}{4}} : \frac{8\times\overline{120}^{2}}{30\tfrac{5}{4}} :: 48\tfrac{5}{6} : \textit{la force nécessaire pour rompre le pross.}$$

Faisant le calcul, on trouve que le poids de rupture est de 429800 livres ; mais la charge n'est que de 156 milliers. La force de résistance est donc *deux fois et trois quarts* plus considérable que le poids effectif qui tend à rompre. Ainsi, d'après l'expérience de Buffon, qui constate qu'une pièce de bois peut supporter, sans rompre, une charge égale à la moitié du poids de rupture, et peut la supporter pendant plus de deux ans, on voit pendant quel temps considérable le pross pourroit résister, sans rompre, à une situation si périlleuse. Or, cette hypothèse est bien loin d'être possible, et par conséquent il seroit vraiment absurde d'avoir la plus légère inquiétude sur la solidité du pross.

Faisons, à ce sujet, une observation importante. C'est par leur énorme force de champ que les deux plans verticaux formés par les quatre couches de planches qui recouvrent les flancs du corps du navire, résistent avec tant d'énergie à la rupture dans le sens longitudinal. Cependant cette force de résistance ne peut exister qu'autant que les deux plans verticaux qui la produisent sont inflexibles; car pour peu qu'ils commençassent à fléchir dans le sens horizontal, la charge faisant augmenter rapidement la flexion, les deux plans se briseroient dans le sens horizontal, et le corps de navire seroit bientôt mis en pièces. Or, la membrure, quoiqu'espacée de 4 pieds en 4 pieds (car il n'y a que 3o membres), empêche totalement cet effet, en produisant aux deux plans verticaux toute l'inflexibilité dont on a besoin. En effet, les quatre couches de planches qui constituent les deux plans verticaux, se trouvent ne former qu'une seule masse par les boulons qui les fixent sur les trente montans verticaux de la membrure, de sorte qu'ils ne pourroient fléchir sans faire fléchir les montans sur lesquels ils sont attachés. Or, ces montans ont 4 pouces de grosseur dans le sens de la longueur du pross, et 9 pouces dans le sens de sa largeur. Ces 9 pouces sont ici *le champ*, et il seroit facile de prouver, par le calcul, que 3o pièces de bois qui, sur 1o pieds seulement de longueur, ont 9 pouces de champ, ont une force de résistance dix fois supérieure à celle qui pourroit tendre à les faire fléchir.

(*f*) La vîtesse directe que prend un navire est à sa vîtesse latérale, 1° dans le rapport inverse des deux bases des colonnes d'eau refoulées ; 2° dans le même rapport inverse des diminutions de résistances dues, d'un côté, à l'aiguité de la proue, et, de l'autre, aux différentes obliquités du flanc ; 3° et dans le rapport direct des deux forces poussantes du vent. Déterminons donc ces trois rapports dans la construction ordinaire des meilleurs voiliers.

1° On peut estimer que la base de la colonne d'eau refoulée dans le sens direct est à la base de la colonne d'eau refoulée dans le sens latéral, comme 1 est à 5.

2° En suivant les méthodes ordinaires de calcul adoptées par les constructeurs, on trouve que l'aiguité de la proue des bons voiliers actuels réduit la résistance au 10e. A la vérité, la méthode est très-fautive, en ce qu'il s'en faut de beaucoup que les résistances diminuent, comme on l'établit dans les méthodes, dans le rapport des carrés des sinus des angles d'incidence. Mais comme je n'ai en vue que de comparer les bons voiliers actuels avec les pross, et que l'erreur sera d'un côté comme de l'autre, je m'en tiens au rapport du dixième.

Quant à la réduction de la résistance latérale produite par les obliquités du flanc, on peut l'estimer à la moitié. Ainsi le second rapport est celui de $\frac{1}{10}$ à $\frac{1}{2}$ ou de 1 à 5.

3° Quant au rapport des forces poussantes du vent, qui résultent de la décomposition de son effort absolu en efforts dans le sens direct et dans le sens latéral, lorsqu'on se dirige à 45 degrés du vent, on peut l'estimer de 1 à 5, en ayant sur-tout égard à la mauvaise action des voiles à raison du sac qu'elles forment.

Les trois rapports étant ainsi déterminés, il en résulte que la vîtesse directe est à la vîtesse latérale comme $5 \times 5 \times 1$ est à $1 \times 1 \times 3$, ou comme $8\frac{1}{3}$ est à 1. Si l'on construit donc un parallélogramme rectangle dont le grand côté soit $8\frac{1}{3}$, et le petit côté 1, la géométrie nous apprend que l'angle que la diagonale de ce parallélogramme fait avec son grand côté, est de 6 degrés 54 minutes. Nous compterons 7 degrés. Voilà donc l'angle de la dérive pour le vaisseau ordinaire le plus fin voilier, dans l'hypothèse où, conservant toujours son assiette verticale, le rapport des résistances directe et latérale ne seroit point changé. Répétons à présent ce calcul pour le pross.

1° Le rapport des bases des colonnes d'eau refoulées est celui de 8 à 1, à très-peu près; 2° j'ai trouvé, en employant la méthode ordinaire dès constructeurs, que l'aiguité de la proue réduit la résistance au quatorzième; il n'y a aucune réduction à faire à la résistance latérale, puisque le flanc du corps de navire est partout vertical : ainsi le second rapport est celui de 14 à 1 ; 3° le troisième rapport reste le même : ainsi le rapport de la vîtesse directe à la vîtesse latérale est celui de $8 \times 14 \times 1$ à $1 \times 1 \times 3$, ou de $37\frac{1}{3}$ à 1. Faisant donc la même construction du parallélogramme rectangle, on trouve que l'angle de la dérive est de 1 degré 32 minutes. La dérive doit donc être en effet regardée comme nulle.

(g) L'inclinaison que prend un navire lorsque le vent est fort et qu'on fait de la voile, s'étend souvent jusqu'à un angle de 30 degrés. Or, voici ce qui en résulte.

1º Toutes les parties supérieures de la carène, qui sont très-renflées, s'immergent sous le vent, tandis qu'au contraire les parties inférieures, qui sont très-maigres, se démergent. Voilà donc une double cause qui tend à augmenter considérablement la résistance directe. J'ai fait le calcul de la résistance à l'inclinaison de 3o degrés, sur les plans de la *Nymphe*, excellente frégate construite par M. Forfait, et j'ai trouvé que l'inclinaison réduit la résistance au sixième, au lieu du dixième, lorsque la frégate est droite.

2º Quant à la résistance latérale, elle diminue beaucoup au lieu d'augmenter. Si le flanc du vaisseau étoit partout vertical, l'inclinaison à 3o degrés réduiroit à moitié la résistance : ainsi il faudroit, dans le second membre du rapport établi par la note (f) ci-dessus, substituer la fraction $\frac{1}{4}$ à la fraction $\frac{1}{2}$. Mais il s'en faut bien que le flanc du vaisseau soit vertical. La résistance de toutes les parties inclinées depuis 90 degrés jusqu'à 3o, doit être réduite à bien plus de moitié ; et celle de toutes les parties inclinées de 3o degrés et au-dessous, doit être réduite à zéro. Ainsi la fraction $\frac{1}{4}$ est beaucoup trop grande, et c'est tout au moins la fraction $\frac{1}{8}$ qu'il faut substituer à la fraction $\frac{1}{2}$. Le rapport des diminutions de résistances directe et latérale est donc celui de $\frac{1}{6}$ à $\frac{1}{8}$ ou de 4 à 3, au lieu de celui de 1 à 5, établi dans la note (f). Opérant donc de nouveau comme nous avons opéré dans cette note, on trouve que le rapport de la vîtesse directe à la vîtesse latérale, est celui de $5 \times 5 \times 1$ à $1 \times 4 \times 3$ ou de 5 à 4. Or, la géométrie apprend que, dans ce cas, l'angle de la dérive est de 38 degrés 39 minutes. Ajoutant donc cette dérive à l'angle de la route avec le vent, qu'on n'estime pas dans les grands vaisseaux de guerre à moins de 60 degrés, on trouve que la route effective forme avec le vent un angle de plus de 98 degrés. Ainsi le vaisseau, bien loin de gagner dans le vent, s'en écarte, et recule au lieu d'avancer.

Je supplie instamment les constructeurs et les marins éclairés qui liront ce mémoire, de peser mûrement les principes que je viens d'exposer, qui, quelque simples qu'ils soient, n'en sont pas moins entièrement nouveaux. Aucun des auteurs qui ont écrit sur l'architecture navale n'ont observé, ne s'étoient pas même doutés de l'influence que l'inclinaison du vaisseau a sur la dérive dans les routes obliques. Il ne leur étoit pas permis de douter, parce qu'une expérience constante le prouve, qu'un *vent debout* devient contraire aussitôt qu'il est un peu fort. Ils devoient cependant être certains que si la dérive restoit à peu près la même par un vent bon frais que par un vent modéré, tous les vaisseaux, dont les plus mauvais naviguent à 60 degrés du vent, et dont il y en a qui naviguent à 45, devroient nécessairement non seulement faire toujours bonne route avec *vent debout*, mais encore la faire d'autant meilleure que le vent est plus fort. En observant donc que cet effet est bien loin d'avoir lieu, et que, par un vent violent, la dérive augmente au point que le vaisseau recule au lieu d'avancer, ils auroient dû en conclure que cette prodigieuse augmentation de la dérive ne peut être due qu'à la violence du vent, et par conséquent qu'au seul effet qu'elle produit, la grande inclinaison du vaisseau.

Il résulte de là que l'inclinaison du vaisseau par l'action constante du vent sur les voiles, n'est pas la seule cause de la grande augmentation de la dérive, et qu'elle est encore produite par la violence des mouvemens du vaisseau. En effet, la durée moyenne des oscillations du roulis et du tangage est, suivant les observations de Bouguer, de 5 secondes, et leur amplitude va souvent jusqu'à un angle de 45 degrés avec la verticale. Or, en vertu de la force d'inertie, le vaisseau, sur les 5 secondes de la durée de ses oscillations, en emploie peut-être plus de la moitié à rester dans les deux *maximum* de son inclinaison, et, ne retournant à la situation verticale que par un mouvement accéléré, il ne reste pas, à coup sûr, une demi-seconde dans cette situation verticale : de sorte que lorsque l'inclinaison totale produite par le roulis et le tangage est de 45 degrés, l'inclinaison moyenne ne doit pas être estimée à moins de 5o degrés; et il est évident que cette inclinaison acciden-telle, résultat de la violence des mouvemens du vais-seau, doit nécessairement produire le même effet que l'inclinaison constante, qui est le résultat de l'action du vent sur les voiles.

Concluons. C'est la forte action du vent sur les voiles d'un vaisseau, et la violence de ses mouvemens, qui augmentent la dérive au point de le forcer de reculer dans les routes obliques, au lieu d'avancer. Mais j'ai démontré dans le mémoire et les notes que le pross n'a jamais, à la mer, que des mouvemens extrêmement doux, et que son inclinaison est sensiblement nulle, quelle que soit la violence du vent. Donc sa dérive res-tera constamment la même, quelle que soit la force du vent; mais elle est sensiblement nulle lorsque le vent est modéré. Donc elle sera toujours, dans tous les cas, sensiblement nulle; donc enfin le pross n'aura jamais de vent contraire, et, bien loin de là, le *vent debout*, ainsi que je l'explique en détail dans le corps du mémoire, sera beaucoup plus favorable lorsqu'il soufflera avec force, qu'un *vent en poupe* modéré.

PROCÈS-VERBAL

DE L'EXPÉRIENCE DES PROSS,

FAITE A GENÈVE.

Nous soussignés, tous embarqués sur le pross de M. Ducrest, le 14 janvier 1810, et par conséquent témoins oculaires de l'expérience dudit pross, faite ledit jour, certifions la vérité de ce qui suit :

Le 14 janvier 1810, M. Ducrest a fait sortir le pross du port de M. Pinon où il était, et l'a mis à pic sur une ancre qui avait été mouillée la veille en dehors.

Il souffloit une forte bise, vent très-redouté pour la navigation du lac, sur lequel en effet il n'y avoit alors aucune barque ou bateau quelconque naviguant.

Le pross étant ainsi en dehors du port, et exposé à toute l'action du vent, M. Ducrest a ordonné de déferler et d'orienter toutes les voiles, manœuvre dont l'exécution s'est faite avec une extrême facilité.

Alors l'ancre a été levée, et le pross a été mis en route, dirigé sur la maison de M. Clarck.

Comme le vent de bise souffloit du nord-est, et que la direction de la maison Pinon à la maison Clarck est nord et sud, il en résulte que le pross étant dirigé au nord, sa route avec le vent formoit un angle de 45 degrés.

L'intervalle d'une rive à l'autre a été franchi avec un sillage si rapide, et tellement sans exemple sur le lac, que toutes les personnes du pays, embarquées sur le pross, n'ont pu se défendre d'un vif mouvement d'enthousiasme, qu'elles ont manifesté par des acclamations réitérées.

Le pross avoit toute sa voilure, et, malgré la force du vent, il n'a pas paru que le mât ni les vergues aient fléchi.

Quoique pinçant le vent de si près, il étoit si bien soutenu par ses flotteurs, qu'il n'a pas été incliné d'une manière sensible.

Il n'a pas embarqué une seule lame d'eau, quoique le bord ne fût qu'à un pied au-dessus de l'eau.

Enfin, malgré la hauteur des vagues, il n'a pas eu l'apparence du moindre roulis, et le mouvement dans le sens longitudinal, appelé *tangage*, a été à peine sensible.

Arrivé à l'autre rive, M. Ducrest a ordonné de virer de bord; mais beaucoup trop près de la côte, qui est très-élevée, le pross s'est trouvé entièrement privé de vent, et la manœuvre n'a pu se faire.

Entraîné alors avec violence par la rapidité du courant, et ensuite par la force du vent, lorsqu'il ne s'est plus trouvé abrité par la terre, le pross a été porté en quelques minutes du côté des roches qui sont à l'entrée du port de la ville; les voiles n'ont pu servir qu'à éviter ces roches et à se diriger, en s'aidant en même temps des étires dans l'enfoncement, près des fossés de la ville, où commence le faubourg appelé les *Eaux Vives*.

Arrivé dans cet enfoncement où l'on continuoit d'être exposé à la violence du vent de bise, M. Ducrest a ordonné de carguer toutes les voiles; et malgré la forte action du vent contr'elles, elles ont été carguées aussi facilement qu'elles ont été déferlées à la sortie du port Pinon.

Toutes les voiles étant carguées, le pross a été reconduit à l'étire et à la cordelle au port Pinon, d'où il étoit parti.

Tels sont les faits dont nous tous soussignés attestons la vérité.

A Genève, ce 17 janvier 1810.

Suivent toutes les signatures, et la légalisation du Maire, qui constate l'identité des signatures avec les personnes.

FIN.

www.ingramcontent.com/pod-product-compliance
Ingram Content Group UK Ltd.
Pitfield, Milton Keynes, MK11 3LW, UK
UKHW020918120726
13693UKWH00003B/1063